清华电脑学堂

计算机常用工具软件 标准教程
微课视频版

金松河 蒋敏 霍林林 ◎ 编著

清华大学出版社
北京

内 容 简 介

本书以理论与实际应用相结合的组织形式，以普及计算机新技能为指导思想，用通俗的语言对计算机常用工具软件的使用进行详细的阐述。

全书共12章，内容包括计算机软件概述、计算机硬件检测与监测软件、磁盘管理优化软件、文件管理软件、网络应用软件、影音休闲软件、数字媒体常用软件、计算机办公软件、操作系统的安装、安全及管理软件、计算机及手机虚拟化软件、人工智能工具的使用。每章内容除了必备的理论知识外，还穿插介绍"知识点拨""注意事项""动手练"板块，让读者知其然更知其所以然。每章的结尾处安排"知识延伸"板块，让读者在掌握基本计算机技能外，还能举一反三，延伸到其他相关技能的应用，拓宽读者的知识视野。

本书结构合理，实用性强，全程图解，即学即用，可作为计算机入门读者、计算机爱好者、运维人员的参考工具书，也可作为各大中专院校或计算机培训机构的教学用书。

版权所有，侵权必究。举报：010-62782989，beiqinquan@tup.tsinghua.edu.cn。

图书在版编目（CIP）数据

计算机常用工具软件标准教程：微课视频版 / 金松河, 蒋敏, 霍林林编著.
北京：清华大学出版社, 2025. 5. -- (清华电脑学堂). -- ISBN 978-7-302-68894-5
Ⅰ . TP311.56
中国国家版本馆CIP数据核字第20253QQ243号

责任编辑：袁金敏
封面设计：阿南若
责任校对：徐俊伟
责任印制：刘　菲

出版发行：清华大学出版社
　　　网　　址：https://www.tup.com.cn，https://www.wqxuetang.com
　　　地　　址：北京清华大学学研大厦A座　　邮　　编：100084
　　　社 总 机：010-83470000　　　　　　　　邮　　购：010-62786544
　　　投稿与读者服务：010-62776969，c-service@tup.tsinghua.edu.cn
　　　质 量 反 馈：010-62772015，zhiliang@tup.tsinghua.edu.cn
　　　课 件 下 载：https://www.tup.com.cn，010-83470236
印 装 者：三河市天利华印刷装订有限公司
经　　销：全国新华书店
开　　本：170mm×240mm　　　印　　张：13.75　　　字　　数：346千字
版　　次：2025年5月第1版　　　　　　　　　　　　印　　次：2025年5月第1次印刷
定　　价：59.80元

产品编号：109625-01

前　言

首先，感谢选择并阅读本书。

当下，计算机已成为生产及生活中不可分割的一部分。虽然它的某些功能逐渐被手机及其他智能终端所取代，但在一些专业领域，计算机仍将作为核心生产力设备，而且即使在未来，也是不可替代的。例如三维制作、渲染、图形图像、数据中心、大型网游、行政办公、人工智能、数据处理等领域，都需要依赖计算机。而且对于常用软件及专业软件的熟练度，直接影响工作的效率。所以对于新手来说，如何快速掌握并熟练使用各类常用工具软件就显得尤为重要。

本书致力打造易学易用的知识体系，让读者在较短时间内迅速掌握更多的计算机知识和操作技巧，并可以随时应用于实际工作和生活中。全书以理论与实践相结合的形式，从初学者的角度出发，合理地整合各种知识点，全面翔实地介绍当下各类较为热门的工具软件的使用方法和操作技巧，让读者通过学习能够更好、更高效地使用各类常用工具软件，为以后的实际应用打下坚实的基础。

▍本书特色

- **全面实用**。本书对当下各类比较流行的软件进行汇总。多达几十种常用软件的使用方法介绍，涵盖普通用户所能接触的大部分基础性软件。整本书力求做到新颖全面，不陈旧、不脱节、即学即用。
- **全程图解**。本书全程采用图解的方式，让读者能够直观地了解每一步具体的操作。学习轻松，易上手。新手无压力，有一定基础的读者也可以查漏补缺，提高操作的效率。
- **重在交流**。在软件介绍中，还会穿插"知识点拨"和"注意事项"两种小提示，让读者更好地理解各类疑难知识点。本书为读者提供一个交流平台，可以与一些软硬件工程师等专业人士就计算机知识进行讨论与交流。

▍内容概述

全书共12章，各章内容安排见表1。

表1

章序	内容导读	难度指数
第1章	介绍计算机软件的基础，包括计算机软件的分类、常用软件的种类和代表软件。安装版软件和绿色版软件的联系和区别、常用软件的安装及卸载方法、使用第三方软件查找、安装、升级及卸载软件的操作等	★☆☆
第2章	介绍计算机硬件检测与监测软件，包括系统内的硬件检测组件、第三方综合检测工具、CPU的检测软件、内存检测软件、硬盘检测软件、显卡检测软件、温度监测软件、实时性能监测软件、跑分软件的使用等	★★☆

（续表）

章序	内容导读	难度指数
第3章	介绍硬盘管理和优化，主要介绍硬盘分区及分区表的概念、分区软件的使用、数据修复工具的使用、磁盘碎片整理软件的使用等	★★★
第4章	介绍文件管理软件的使用，包括文件压缩原理、压缩及解压的操作、加密压缩及自解压文件的创建、文件备份还原软件的使用、文件加密软件的使用、网络备份与分享软件的使用、下载工具的使用	★★☆
第5章	介绍网络应用软件的使用，包括网页浏览器的使用、即时通信软件的使用、远程管理软件的使用、电子邮件客户端的使用等	★★★
第6章	介绍影音休闲软件的使用，包括看图软件的使用、音频、视频播放软件的使用、在线音频软件的使用、在线视频软件的使用等	★★☆
第7章	介绍数字媒体常用软件的使用，包括截屏软件的使用、图像处理软件的使用、录屏软件的使用、视频编辑软件的使用、直播软件的使用等	★★★
第8章	介绍操作系统的安装，包括操作系统安装的过程及准备、启动U盘制作工具、操作系统的安装过程、制作随身携带的Windows及Linux系统的软件及操作等	★★★
第9章	介绍安全及管理软件，包括计算机面临的主要威胁、常见的防范技术、防毒杀毒软件的使用、使用第三方系统管理及优化系统的操作、驱动管理软件的使用等	★★☆
第10章	介绍计算机及手机虚拟化软件的使用，包括虚拟机VMware Workstation Pro的使用、虚拟机安装操作系统的设置、手机模拟器的使用等	★★★
第11章	介绍人工智能工具的使用，包括AI基础知识、AI工具的提问和使用技巧、AI分析文档和图片、AI生成图片、AI创作歌曲、AI生成视频、AI辅助编程等	★★★
第12章	介绍计算机办公软件的使用，包括Microsoft Office软件的使用、WPS Office软件的使用、翻译软件的使用、PDF查看编辑软件的使用等	★★☆

本书的配套素材和教学课件可扫描下面的二维码获取，如果在下载过程中遇到问题，请联系袁老师，邮箱：yuanjm@tup.tsinghua.edu.cn。书中重要的知识点和关键操作均配备高清视频，读者可扫描书中二维码边看边学。

本书由金松河、蒋敏、霍林林编写，在编写过程中得到郑州轻工业大学教务处的大力支持，在此表示衷心的感谢。作者在编写过程中虽力求严谨细致，但由于时间与精力有限，书中疏漏之处在所难免。如果读者在阅读过程中有任何疑问，请扫描下面的技术支持二维码，联系相关技术人员解决。教师在教学过程中有任何疑问，请扫描下面的教学支持二维码，联系相关技术人员解决。

配套素材

教学课件

配套视频

技术支持

教学支持

编者
2025年4月

目录

第1章 计算机软件概述

- 1.1 计算机软件基础知识 ... 2
  - 1.1.1 系统软件 ... 2
  - 1.1.2 应用软件 ... 4
- 1.2 常用工具软件概述 ... 4
  - 1.2.1 常用工具软件类型 ... 5
  - 1.2.2 安装版软件和绿色版软件 ... 8
- 1.3 计算机软件的安装及卸载 ... 9
  - 1.3.1 软件的查找与下载 ... 10
  - 1.3.2 软件的安装 ... 11
  - 1.3.3 软件的卸载 ... 13
  - 动手练 使用第三方工具管理软件 ... 15
- 知识延伸：软件在安装时都做了什么 ... 19

第2章 计算机硬件检测与监测软件

- 2.1 使用Windows系统的自带组件查看计算机信息 ... 21
  - 2.1.1 使用设备管理器查看硬件信息 ... 21
  - 2.1.2 使用任务管理器查看硬件信息 ... 22
- 2.2 查看所有硬件信息软件 ... 23
  - 2.2.1 认识AIDA64 ... 23
  - 2.2.2 查看计算机信息 ... 24
  - 动手练 图吧工具箱的使用 ... 25
- 2.3 CPU检测软件 ... 25
  - 2.3.1 CPU-Z简介 ... 25
  - 2.3.2 查看CPU信息 ... 27
  - 动手练 使用AIDA64软件测试CPU的稳定性 ... 28
- 2.4 内存检测软件 ... 30
  - 2.4.1 MemTest简介 ... 30
  - 2.4.2 使用MemTest检测内存 ... 30
  - 动手练 使用TestMem5检测内存 ... 31
- 2.5 硬盘检测软件 ... 32
  - 2.5.1 磁盘状态总览 ... 32
  - 2.5.2 固态硬盘读/写速度检测 ... 33
  - 2.5.3 机械硬盘读/写速度检测 ... 34
  - 动手练 机械硬盘坏道检测 ... 35
- 2.6 显卡的检测软件 ... 36
  - 2.6.1 认识GPU-Z ... 36
  - 2.6.2 使用GPU-Z ... 36
  - 2.6.3 使用FurMark检测显卡的稳定性 ... 37
  - 动手练 使用AIDA64检测显卡带宽和算力 ... 38
- 2.7 温度监测软件 ... 39
- 2.8 实时性能监测软件 ... 40
  - 2.8.1 认识MSI Afterburner ... 40
  - 2.8.2 使用MSI Afterburner ... 40
  - 2.8.3 使用AIDA64监测计算机性能 ... 42
  - 动手练 使用"游戏加加"软件检测硬件性能 ... 43
- 2.9 计算机跑分软件 ... 45
  - 2.9.1 使用鲁大师进行硬件跑分 ... 45
  - 2.9.2 用3DMARK软件进行硬件跑分 ... 46
- 知识延伸：其他外设的检测工具 ... 47

第3章 磁盘管理优化软件

- 3.1 硬盘分区软件的使用 ... 50
  - 3.1.1 认识硬盘分区 ... 50

3.1.2 使用DiskGenius对硬盘进行分区 ········ 51
　动手练　无损调整分区的大小 ········ 54
3.2 数据恢复工具的使用 ········ 55
　3.2.1 数据恢复的原理 ········ 55
　3.2.2 使用7-Data数据恢复 ········ 56
　动手练　使用DiskGenius进行数据恢复 ········ 57
3.3 磁盘碎片整理软件 ········ 58
　3.3.1 磁盘碎片产生的原因及影响 ········ 58
　3.3.2 磁盘碎片整理的原理 ········ 58
　动手练　使用Windows自带组件进行碎片整理 ········ 58
知识延伸：开机指定设备启动 ········ 60

第4章 文件管理软件

4.1 文件压缩软件 ········ 62
　4.1.1 文件压缩原理 ········ 62
　4.1.2 WinRAR的使用 ········ 62
　动手练　创建自解压压缩文件 ········ 66
4.2 分区文件备份还原软件 ········ 67
　4.2.1 使用DISM++备份分区 ········ 67
　4.2.2 使用DISM++还原分区 ········ 68
　动手练　使用DISM++进行增量备份及还原 ········ 69
4.3 文件加密软件的应用 ········ 69
　4.3.1 文件加密概述 ········ 70
　4.3.2 使用加密软件进行文件加密解密 ········ 70
　动手练　使用Encrypto进行强加密及解密 ········ 71
4.4 网络备份与分享 ········ 72
　4.4.1 认识百度网盘 ········ 72
　4.4.2 百度网盘的使用 ········ 73
　动手练　使用百度网盘客户端分享文件 ········ 74
4.5 文件下载软件 ········ 76

4.5.1 使用迅雷软件下载 ········ 76
4.5.2 使用IDM软件下载 ········ 77
　动手练　开启浏览器多线程下载 ········ 78
知识延伸：Windows BitLocker加密工具的使用 ········ 79

第5章 网络应用软件

5.1 网页浏览器 ········ 81
　5.1.1 Edge浏览器的使用 ········ 81
　5.1.2 QQ浏览器的使用 ········ 82
　动手练　使用浏览器的AI助手 ········ 84
5.2 即时通信软件 ········ 85
　5.2.1 腾讯QQ ········ 85
　5.2.2 微信 ········ 87
　动手练　使用内网通实现局域网共享 ········ 89
5.3 远程管理软件 ········ 90
　5.3.1 认识向日葵远程控制软件 ········ 90
　5.3.2 下载与安装向日葵远程控制软件 ········ 91
　5.3.3 使用向日葵远程控制软件 ········ 91
　动手练　使用ToDesk进行远程控制 ········ 94
5.4 电子邮件 ········ 96
　5.4.1 认识电子邮件 ········ 96
　5.4.2 使用QQ邮箱收发邮件 ········ 96
　动手练　临时邮箱的使用 ········ 97
知识延伸：浏览器插件的使用 ········ 99

第6章 影音休闲软件

6.1 看图软件 ········ 102
　6.1.1 Windows自带的看图软件 ········ 102
　6.1.2 2345看图王 ········ 103
　动手练　下载并使用ABC看图软件 ········ 105
6.2 音频、视频文件的播放 ········ 106
　6.2.1 PotPlayer简介 ········ 106
　6.2.2 PotPlayer的播放设置 ········ 107

| 动手练 | 使用VLC播放器 …………… 108

6.3 在线音频软件 ……………………… 109
 6.3.1 认识QQ音乐播放器 ………… 110
 6.3.2 使用QQ音乐播放器 ………… 110
 | 动手练 | 创建歌单并批量添加歌曲 …… 111

6.4 在线视频软件 ……………………… 112
 6.4.1 认识腾讯视频 ………………… 112
 6.4.2 使用腾讯视频PC端 ………… 113
 | 动手练 | 在线视频下载 ………………… 113

知识延伸：网盘影片的观看 ………… 114

第7章
数字媒体常用软件

7.1 截屏软件 …………………………… 116
 7.1.1 认识Snagit …………………… 116
 7.1.2 使用Snagit截图 ……………… 116
 | 动手练 | 延时截图 ……………………… 118

7.2 图像处理软件 ……………………… 118
 7.2.1 美图秀秀 ……………………… 118
 | 动手练 | 使用美图秀秀的AI功能 …… 121
 7.2.2 Snagit编辑器 ………………… 122
 | 动手练 | 对图片局部进行马赛克处理 … 124

7.3 录屏软件 …………………………… 124
 7.3.1 使用Camtasia Recorder
    录制屏幕 ……………………… 125
 7.3.2 使用屏幕录像机录制视频 …… 127
 | 动手练 | 使用OBS Studio录制视频 … 129

7.4 视频编辑软件 ……………………… 131
 7.4.1 剪映简介 ……………………… 131
 7.4.2 使用剪映编辑视频 …………… 131
 7.4.3 剪映中的AI功能 ……………… 136
 | 动手练 | 使用Camtasia Studio
    编辑视频 ……………………… 136

7.5 直播软件 …………………………… 141
 7.5.1 抖音直播简介 ………………… 141
 7.5.2 抖音直播的设置 ……………… 142
 | 动手练 | 开启及关闭直播 ……………… 144

知识延伸：视频文件的转码 ………… 145

第8章
操作系统的安装

8.1 操作系统安装概述 ………………… 148
 8.1.1 需要安装操作系统的情况 …… 148
 8.1.2 系统安装的主要过程及
    准备 …………………………… 148
 | 动手练 | 系统映像的下载 ……………… 149

8.2 启动U盘的制作 …………………… 149
 8.2.1 使用微软官网工具制作
    启动U盘 ……………………… 150
 8.2.2 使用Rufus制作启动U盘 …… 151
 | 动手练 | 使用FirPE制作启动U盘 …… 152

8.3 操作系统的安装过程 ……………… 153
 8.3.1 从U盘启动 …………………… 153
 8.3.2 启动安装 ……………………… 153
 8.3.3 硬盘分区 ……………………… 154
 8.3.4 环境配置 ……………………… 156
 | 动手练 | 使用WinNTSetup部署
    安装Windows 11 …………… 159

8.4 制作随身携带的操作系统 ………… 162
 8.4.1 Windows To Go简介 ……… 162
 8.4.2 制作随身Windows 11
    操作系统 ……………………… 163
 | 动手练 | 制作口袋Linux系统 ………… 165

**知识延伸：Windows登录密码的
    清空** ………………………… 168

第9章
安全及管理软件

9.1 计算机主要面临的安全威胁 ……… 170
 9.1.1 常见的威胁形式 ……………… 170
 9.1.2 常见的防范技术 ……………… 171

9.2 常用防毒杀毒软件的使用 ………… 172
 9.2.1 火绒安全软件简介 …………… 172
 9.2.2 下载与安装 …………………… 172
 9.2.3 病毒查杀 ……………………… 172

9.2.4 使用火绒管理网络……173
动手练 使用火绒禁止程序启动……176
9.3 使用第三方系统管理优化软件……176
9.3.1 认识腾讯电脑管家……176
9.3.2 使用腾讯电脑管家优化系统……177
9.3.3 使用Windows 11 Manager优化系统……179
动手练 使用DISM++优化系统……180
9.4 驱动管理软件……181
9.4.1 360驱动大师简介……181
9.4.2 驱动的安装……182
动手练 备份及还原驱动……183
知识延伸：使用系统自带功能进行管理与优化……184

第10章 计算机及手机虚拟化软件

10.1 模拟器软件……186
10.1.1 认识VMware Workstation Pro……186
10.1.2 VM常用功能介绍……186
动手练 使用VM安装Windows 11系统……188
10.2 手机模拟器软件……193
10.2.1 雷电模拟器简介……193
10.2.2 雷电模拟器的使用……193
动手练 雷电模拟器的多开设置……197
知识延伸：Windows系统的其他的虚拟机……198

第11章 人工智能工具的使用

11.1 AI简介……200
11.1.1 认识AI……200
11.1.2 AI应用领域与工具……201
11.1.3 常见的AI工具及特点……202
11.2 AI工具的使用……204
11.2.1 向AI提问……204
11.2.2 AI分析文档和图片……205
11.2.3 AI生成图片……206
11.2.4 AI创作歌曲……207
11.2.5 AI生成视频……208
动手练 使用可灵AI生成视频……209
11.2.6 AI辅助编程……210
动手练 让AI生成装机配置清单……211
知识延伸：数字人播报的使用……212

第12章 计算机办公软件

扫码下载

第1章
计算机软件概述

计算机由硬件和软件两部分构成。硬件决定计算机的性能和档次,但仅有硬件是无法正常运行的,还需要各种软件的支持。软件种类繁多,其中操作系统是一种特殊的底层软件,所有应用程序都必须在操作系统上运行。本章向读者介绍一些关于计算机软件的基本知识。

1.1 计算机软件基础知识

按照用途、使用方法等的不同，计算机软件可以分为多种不同的类型。通常按照软件的功能，将计算机软件分为以下几种。

1.1.1 系统软件

系统软件主要包括程序设计语言、语言处理程序、数据库管理程序、系统辅助处理程序等。而系统软件最常见的就是操作系统。操作系统可以理解为一个大型的程序模块，位于用户和计算机硬件设备之间。向下，为硬件提供驱动和控制命令，使用硬件完成各种复杂功能，并在其中传递各种数据。向上，为用户使用其他类型软件提供支持，用于信息、资源、各种功能的管理，如图1-1所示。

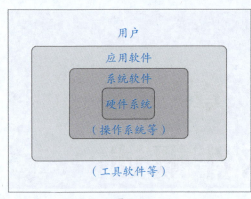

图 1-1

> **知识点拨**
>
> **BIOS**
>
> 其实在硬件和操作系统之间，还有一类特殊的程序就是BIOS（Basic Input/Output System，基本输入输出系统）。它存储在主板的芯片上，开机时负责初始化硬件并加载操作系统，并且与底层的硬件进行沟通，为计算机提供最直接的硬件设置和控制管理通道，属于操作系统和硬件的接口。

从功能上说，操作系统主要负责规划、优化系统资源，并将系统资源分配给各种软件。操作系统是所有软件的基础，可以为其他软件提供基本的硬件支持。常用的操作系统如下。

1. Windows 系统

Windows系统是现在使用最为广泛，最常见的计算机操作系统。Windows系统发展到现在，出现了很多经典的版本，在此对几款主流的Windows操作系统进行介绍。

Windows 7是继Windows XP操作系统后，使用较为普遍的经典操作系统。但随着软硬件的更新换代，Windows 7也无可避免地结束了它的时代。Windows 10也是微软公司的经典版本，如图1-2所示。经过多年发展，普及率和好评非常高。但随着Windows 11的普及和微软公司的推广策略调整，Windows 10在2025年也会停止支持，这样该系统将无法获取基本的安全补丁包。所以从安全角度考虑，建议读者在硬件许可的情况下，安装较新的Windows 11系统，如图1-3所示。Windows 11在界面、安全性、兼容性等方面都具有很大的优势，而且新的硬件、软件、驱动以及新功能等都以Windows 11为主，其他系统慢慢将不再被支持。随着Windows 11的不断完善，相信很多功能和缺陷会被优化和修复。

图 1-2

图 1-3

除了上面介绍的桌面级操作系统外，微软公司还推出了服务器系统，如最新的 Windows Server 2022。有兴趣的读者可以安装服务器系统，手动搭建一个属于自己的服务器，如图1-4所示。

图 1-4

2. Linux 系统

Linux是一套自由使用和自由传播的类UNIX系统。严格来说，Linux系统只有内核叫Linux，而Linux也只是表示其内核。Linux系统是一个多用户、多任务、支持多线程和多CPU的操作系统。随着互联网的发展，Linux系统得到来自全世界软件爱好者、组织、公司的支持。除了在服务器方面保持着强劲的发展势头以外，Linux在个人计算机、嵌入式系统上都有着长足的进步。比如广泛使用的发行版，就是智能手机使用的安卓系统。现在，国产Linux的生态环境也是越来越好，感兴趣的读者可以安装国产Deepin系统进行体验，如图1-5所示。

> **知识点拨**
>
> **UNIX简介**
>
> UNIX是由贝尔实验室开发的多用户、多任务操作系统。因为价格昂贵，应用层次也更高，主要应用于各种核心及专业领域。

图 1-5

Linux发行版是系统开发厂商或组织预先打包的一套Linux操作系统，其中包含Linux内核、各种应用程序、工具软件，以及图形界面等。用户可以直接安装和使用Linux发行版，而无须自行编译和配置各个组件。常见的Linux发行版包括用于桌面的Ubuntu（图1-6）、Debian、Fedora等。

Linux也有服务器版本的系统，而且相较于Windows更加高效、稳定，如CentOS、SUSE Linux、RHEL（RedHat Enterprise Linux），界面如图1-7所示。

图 1-6

图 1-7

3. macOS

macOS是苹果公司的专用系统，其界面如图1-8所示，是基于UNIX内核的图形化操作系统。其优点主要有安全性高（当然是相对于Windows系统而言）；不会产生碎片，设置简单，稳定性高。缺点有兼容性差、软件成熟度稍低等。苹果计算机适合重度办公设计、内容生产者和商旅人士使用。

图 1-8

1.1.2 应用软件

应用软件也称为应用程序，就是读者在日常工作、学习、生活中使用，用各种程序设计语言编制的计算机程序。这些软件都运行在操作系统之上，直接面对使用者。用户不需要知道软件的运行原理，只要学会使用各种应用软件的操作方法即可。应用软件包括普通的应用软件，比如通信软件QQ、办公软件Office系列（图1-9）、格式转换工具等。还有针对各个行业使用的专业软件，如视频编辑软件、图像处理软件等。这些软件统称为工具软件。它们的作用、使用方法就是本书所要重点讲解的内容。

图 1-9

1.2 常用工具软件概述

没有软件，计算机是无法正常工作的。工具软件主要用来辅助用户学习、工作、软件开发、生活娱乐等，满足用户的各种需求。通过使用工具软件可以实现用户的需求，并大幅提高工作、学习、生产效率。大部分工具软件由软件厂商或个人开发者进行开发及发布。工具软件在计算机中不可或缺，按照应用领域和功能的不同，可以将工具软件划分不同的种类。下面介绍一些最常见的应用领域及其代表性的软件。

1.2.1 常用工具软件类型

按照不同的使用领域有不同的应用、管理、维护等工具软件，计算机常用工具软件可以分为以下几类。

1. 硬件检测软件

硬件检测软件的主要目的是检测计算机各硬件的名称、型号、属性、参数信息、工作状态和工作温度等，如图1-10所示。

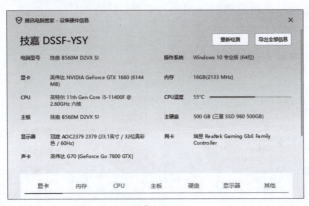

图 1-10

2. 硬盘管理优化软件

硬盘管理包括硬盘的分区、数据修复、硬盘碎片整理等操作。现在操作系统使用UEFI+GPT模式，其中的GPT是未来常用的分区类型。常见的硬盘管理软件如DiskGenius如图1-11所示。

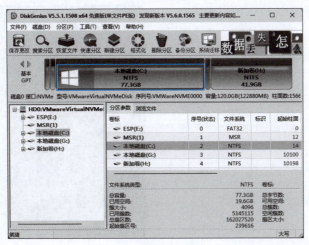

图 1-11

3. 文件管理软件

计算机文件的范围及类型比较广，图片、视频、文档等都属于文件，另外还有各种程序文件、镜像文件、系统文件等。日常使用计算机时，文件的操作最为频繁。所以需要学习一些文件管理软件的使用方法。图1-12所示为文件压缩操作。此外还有文件的加密、分享、下载操作等。

4. 网络应用软件

计算机网络通过多年的发展，各种智能终端也已非常普及。在各种网络应用的推动下，网络已融入人们工作和生活的方方面面。越来越多的客户端软件完全依赖网络和云计算才能运行。所以用好网络软件也成为人们的必备技能之一。例如使用远程控制软件能给远程协助和远程办公带来极大的便利，如图1-13所示。

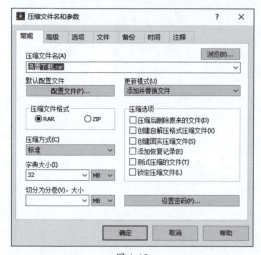

图 1-12

图 1-13

5. 影音播放软件

日常在计算机中进行休闲娱乐活动，如查看图片、本地播放音视频文件、在线播放音视频等，就需要使用影音播放软件，如图1-14所示。

图 1-14

6. 数字媒体常用软件

数字媒体是以数字形式编码的传播媒体,可以使用计算机进行创建、浏览、分发、修改和存储。数字媒体包括各种各样的格式,如图像、音频、视频等。创建数字媒体,可以使用各种截屏软件、图像处理软件、录制软件、视频编辑软件(图1-15),以及各种直播软件等。

图 1-15

7. 计算机办公软件

每个办公人员都会接触和使用计算机办公软件。随着Windows操作系统的发展,最常见办公软件就是Office系列,如图1-16所示。此外,还有翻译软件和PDF查看软件等。

8. 操作系统安装软件

操作系统的安装可以使用升级工具,但想要得到一个纯净的操作系统,就需要全新安装。操作系统的安装需要特殊的环境,如PE或者RE。在该环境中,可以直接使用镜像安装,也可以使用各种部署软件进行部署,如常见的WinNTSetup(图1-17)。也可以使用PE自带的工具部署,非常灵活。

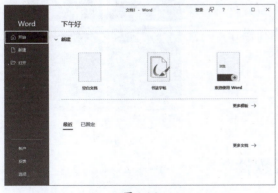

图 1-16

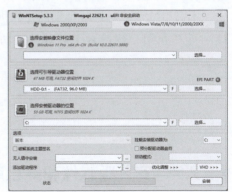

图 1-17

9. 计算机安全及管理软件

安全软件的主要目的是为计算机的安全使用保驾护航,防范病毒、木马、恶意网站、恶意代码以及各种网络攻击等。另外使用一些工具对计算机进行管理,如清理垃圾文件（图1-18）、优化启动项目、禁止弹窗等。

10. 计算机及手机虚拟化软件

借助于虚拟化工具，可以在计算机中虚拟其他的计算机或者手机运行环境，用来进行各种实验、研究以解决用户的需求，如图1-19所示。

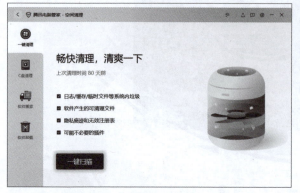

图 1-18

图 1-19

11. 人工智能工具的使用

人工智能（AI）工具已经开始影响生活的一些重要领域。现在比较流行的人工智能应用，如文字生图（图1-20）、创作歌曲、生成视频、辅助设计都已经实现并逐渐进入生产环境，可以更加容易进行各种创作、解决问题等。

本书后续章节对这些类别的计算机工具软件逐一展开介绍，让读者了解软件的功能和操作方法。

图 1-20

1.2.2 安装版软件和绿色版软件

从软件的安装和使用上，一般软件分为安装版和绿色版两类。

1. 安装版软件

安装版软件是下载的软件以安装包的模式存在。用户通过安装包中的安装程序，设置安装位置、安装内容、其他参数等，然后进行软件安装，完成后才能使用该软件。常见的安装版软件的安装界面如图1-21所示。

2. 绿色版软件

一般下载的绿色版软件是一个压缩文件，解压后是一个文件夹，里面包含各种文件。双击主程序图标即可启动并使用该软件，没有烦琐的设置及安装步骤。常见的绿色软件的文件组织形式如图1-22所示。

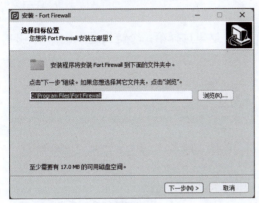

图 1-21

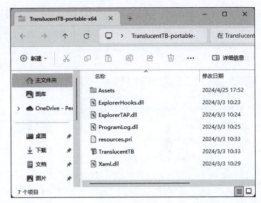

图 1-22

3. 两者的利弊关系

安装版本在安装中将一些配置写入系统注册表，如与系统联动的动态链接库文件和卸载信息登记。在系统分区中也会创建一些必要的文件。因为有系统信息，可以通过系统的卸载工具或者软件自身的卸载程序进行卸载。而绿色版本一般不会影响系统本身的文件系统，也无法在卸载工具中找到。

安装版本在重装系统后，一般需要安装该软件才能使用。如果文件损坏，可以通过重新安装进行修复。

绿色版本下载后即可使用。可以复制使用，也可以直接分享给朋友。因为不需要在系统中创建文件，所以重装系统后可继续使用。如果文件损坏，需要重新下载。

从用户的角度，绿色版本节约时间，不会产生注册表冗余，方便移动、携带和共享，当然首选绿色版。但有些绿色版软件，用户需要小心其中会有病毒或者木马等程序，建议结合杀毒软件使用。

1.3 计算机软件的安装及卸载

实际使用时，安装版本的软件还是占据大多数。科学地进行安装及卸载是使用软件的基础。很多读者在安装及卸载软件时经常发生各种问题。下面详细介绍如何科学、安全地进行软件的下载、安装及卸载。

1.3.1 软件的查找与下载

用户在安装某款软件前需要先下载软件安装包。出于安全性考虑，建议读者到该软件官网进行下载。官网的地址可以到搜索引擎中进行搜索。下面以安装腾讯QQ为例，介绍软件的查找与下载操作。

步骤01 打开Edge浏览器，进入搜索引擎界面。这里以百度搜索为例。输入搜索的内容"QQ官网"后，单击"百度一下"按钮，如图1-23所示。

步骤02 在搜索结果中，判断网站是否为官网。这里选择第一个链接进入，如图1-24所示。

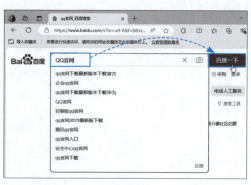

图 1-23

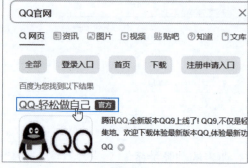

图 1-24

知识点拨

判断官网

百度会在网站标题后显示"官网"字样。用户也可以查看该链接的域名，"qq.com"为正常的域名。其他域名根据不同的网站有不同的名称。

步骤03 打开网页后，选择软件的安装平台，这里单击Windows按钮，如图1-25所示。

步骤04 选择软件的版本，这里单击"全新版本下载"按钮，如图1-26所示。

图 1-25

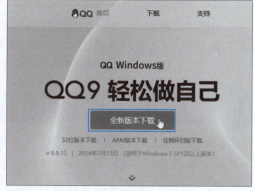

图 1-26

步骤05 浏览器弹出"下载"对话框，单击"另存为"按钮，如图1-27所示。在弹出的对话框中选择保存位置，这里选择"桌面"选项，单击"保存"按钮，如图1-28所示。

图 1-27

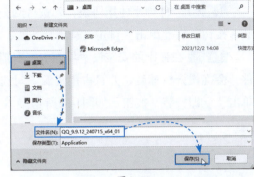

图 1-28

注意事项 打开及保存

"另存为"下拉列表中还有一个"打开"按钮，单击后，软件安装包会自动下载到临时文件中，并启动安装，在重启后自动清除安装包。如果仍需要软件包，建议保存。

1.3.2 软件的安装

软件在安装时会启动安装向导，根据软件的不同，向导的界面和配置的参数会有差异，但整体步骤基本一致。下面以安装QQ为例介绍软件的安装过程及注意事项。

步骤01 在保存的位置找到安装包，双击启动安装程序，如图1-29所示。

步骤02 因为软件需要对计算机设置进行修改，需要一定的权限，所以Windows 11为了安全，弹出"用户账户控制"对话框。单击"是"按钮，确定授予安装文件一定的权限，这和手机App获取权限的原理类似，如图1-30所示。

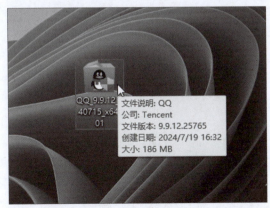

图 1-29

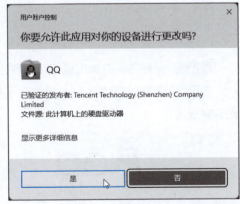

图 1-30

注意事项 找不到安装包

有些浏览器在单击链接后会自动进行下载。此时用户可以在"下载"文件夹中找到该软件。

步骤03 软件弹出使用协议,勾选"阅读并同意……"复选框。不建议单击"立即安装"按钮,在此单击"自定义选项"按钮,如图1-31所示。

步骤04 在弹出的安装设置界面中,取消勾选"开机自动启动"复选框。开机启动软件,会拖慢开机速度,并且占用资源。勾选"生成快捷方式"的选项,选择安装位置,单击"立即安装"按钮,如图1-32所示。

图 1-31

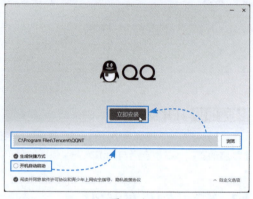

图 1-32

知识点拨

修改安装路径

在安装过程中最关键的操作就是安装位置的设置。一般默认选择C盘,产生的影响是C盘空间会越来越少。建议安装到非系统分区,以减轻C盘压力。但对于一些特殊的软件(如MySQL等专业软件),如果用户不是特别熟悉,还是建议安装到默认位置(有些默认安装到C盘,用户无法选择,如Adobe系列、Office系列等)。如果用户手动浏览,必须将软件安装到一个文件夹中,如本例中的QQNT文件夹。有些软件可能必须安装到特定名称的文件夹,用户需要创建指定文件名的文件夹。程序存放的文件夹、路径一般设置为英文,以防止某些软件不识别中文路径,在使用软件时出现故障。

步骤05 安装完毕后弹出成功提示界面,单击"完成安装"按钮,如图1-33所示。

步骤06 随后会启动软件,弹出登录提示框,就可以注册、登录并使用软件了,如图1-34所示。

图 1-33

图 1-34

> **注意事项** 注意安装陷阱
>
> QQ安装时还是非常干净的,但有些软件在安装前或安装后会显示很多选项。此时一定要注意查看选项内容,有些软件会默认勾选很多第三方软件,用户直接按"确定"按钮,会自动下载并安装这些软件。有些还会修改浏览器的默认主页等。另外建议用户到官网下载安装包。很多第三方网站提供的安装包其实是下载器,启动后,除了该软件外,还会自动下载并安装其他的软件,还可能对系统进行非法修改,用户需要特别留心。

1.3.3 软件的卸载

软件不再使用后需要从系统中移除。如果是绿色软件,用户可以直接删除软件目录。但安装软件,由于数据存储位置较多,并且关联了很多系统程序、注册表、动态链接库等,所以必须进行正常的卸载操作才能安全移除。千万不能直接删除软件目录,容易造成各种问题,如蓝屏、死机、弹窗报错等情况。下面仍然以QQ为例,介绍软件的常见卸载步骤及其中的注意事项。

1. 通过"添加或删除程序"进行卸载

"添加或删除程序"是Windows系统自带的、可以对各种软件进行卸载的管理工具。它会自动调用软件的反安装程序,按照安装时对系统的配置和修改,反向进行配置及删除文件,比较安全。下面介绍具体的执行步骤:

步骤01 在键盘上按Win键,直接搜索"添加或删除程序",找到后单击"打开"按钮,如图1-35所示。

步骤02 将所有安装程序按照"安装时间"排序,可以方便地找到最近安装的程序。找到需要卸载的程序,如QQ,单击右侧的"…"按钮,从弹出的列表中选择"卸载"选项,如图1-36所示。

图 1-35

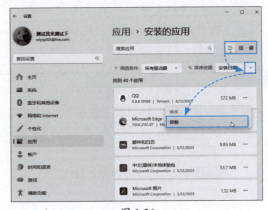

图 1-36

步骤03 在弹出的确认对话框中单击"卸载"按钮,如图1-37所示。

步骤04 系统弹出"用户账户控制"对话框,单击"是"按钮,如图1-38所示。

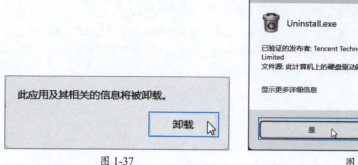
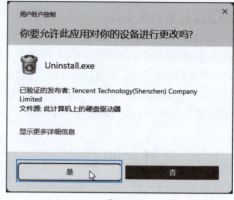

图 1-37　　　　　　　　　　　图 1-38

步骤05 系统会调用软件的反安装程序，在弹出的确认对话框中单击"是"按钮，如图1-39所示。

步骤06 软件自动卸载，完成后弹出卸载成功提示，单击"确定"按钮，如图1-40所示。

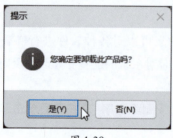
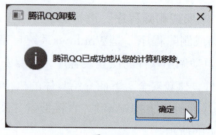

图 1-39　　　　　　　　　　　图 1-40

2. 通过软件的反安装程序进行卸载

除了使用系统自带的"添加或删除程序"进行卸载外，还可以使用软件自带的反安装程序进行卸载。反安装程序还可以进行软件的修复、安装软件中其他未安装的功能等。下面介绍使用软件自带的卸载程序进行卸载的步骤。

知识点拨

反安装程序

反安装程序就是软件的卸载程序。一般会在软件安装的主目录中，以Uninst或Uninstall命名，或名称中包含这些关键字。如果找不到，可以使用系统自带的"添加或删除"程序进行卸载。

步骤01 在程序的快捷方式上右击，在弹出的快捷菜单中选择"打开文件所在的位置"选项，如图1-41所示。

步骤02 在程序所在的目录中找到Uninstall程序，双击启动，如图1-42所示。

随后弹出卸载确认对话框，如图1-39所示，执行完毕就完成卸载了。

图 1-41

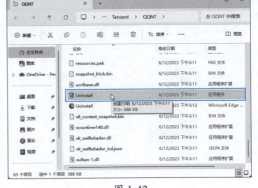

图 1-42

动手练 使用第三方工具管理软件

很多品牌机会自带一些软件市场来专门管理软件。用户也可以下载并安装适合自己的第三方工具来管理软件。第三方工具管理软件使用比较方便，这里以腾讯电脑管家为例，介绍如何使用第三方工具来查找、下载、安装、升级以及卸载软件的操作。

1. 进入软件市场

第三方工具也属于软件，可以按照前面介绍的方法到其官网中下载该软件，如图1-43所示。Edge浏览器在下载一些软件时会提示用户是否保留，这里单击"保留"按钮，如图1-44所示。

图 1-43

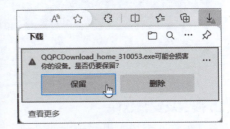

图 1-44

下载的文件很小，其实是一个下载器，启动后配置好安装路径，会自动下载安装包并自行安装，如图1-45所示，完成后会弹出腾讯电脑管家主界面。单击右下角的"软件市场"卡片，如图1-46所示。

启动后就可以看到软件的主界面了，如图1-47所示。

图 1-45

15

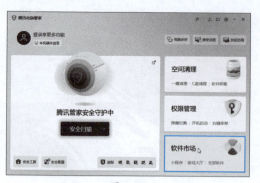

图 1-46

图 1-47

2. 设置安装选项

在搜索安装软件前,需要先对市场的安装选项进行设置,然后就可以安装软件了。在标题栏单击"设置"按钮,如图1-48所示。

在设置中心中,取消勾选"允许开机自启动"和"允许弹出广告弹窗"复选框,修改安装的默认路径(仅对腾讯软件适用),并选择安装过的安装包的处理方法,如图1-49所示。

图 1-48

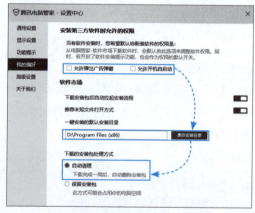

图 1-49

3. 搜索及安装软件

在软件市场主界面中默认显示了很多常见应用,可以直接安装,如果没有,也可以在搜索框中输入要安装的软件名,按回车键后启动搜索,如图1-50所示。

可以在搜索结果界面直接启动安装,如图1-51所示,也可以进入软件说明界面,查看说明并启动安装,如图1-52所示。

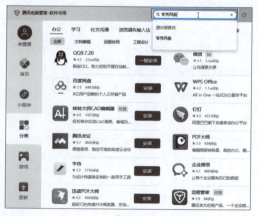

图 1-50

图 1-51

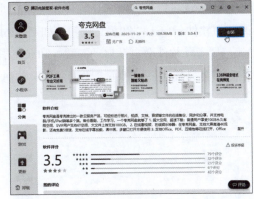
图 1-52

启动安装后,如果是腾讯软件,则会进行"一键安装",自动进行配置和安装,如果是其他的软件,则会自动启动软件的安装包,由用户来配置安装,如图1-53、图1-54所示。

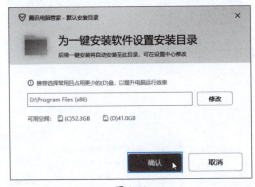
图 1-53

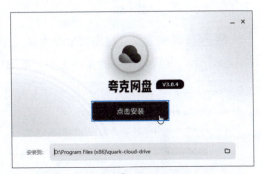
图 1-54

4. 卸载软件

腾讯计算机管家有独立的卸载程序,可以方便地显示所有系统中安装的程序,并且对程序进行分类,可以手动卸载不需要的程序。在卸载后会自动清理软件的安装残留。

步骤01 单击主界面左下角的"卸载"按钮,如图1-55所示。

图 1-55

步骤02 可以根据需求让软件以某标准进行排序，这里按照安装时间排序，找到需要卸载的软件，单击"卸载"按钮，如图1-56所示。

步骤03 软件会自动启动卸载，卸载完毕后，如果软件仍有残余的文件或者注册表等信息，会提醒用户，单击"立即清理"按钮，如图1-57所示。

图 1-56　　　　　　　　　　　　　　图 1-57

步骤04 电脑管家会弹出残余的内容，并提醒用户进行删除，单击"确定"按钮，如图1-58所示。并提示清空的文件大小，如图1-59所示。

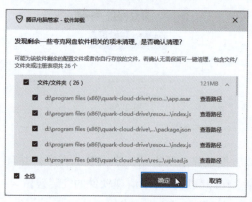

图 1-58　　　　　　　　　　　　　　图 1-59

5. 升级软件

软件如果有更新，软件本身会提醒用户进行更新，第三方工具也会提醒用户进行软件的更新，用户单击"更新"按钮即可启动更新，如图1-60所示。如果是腾讯软件，则会自动进行下载和更新，如果是第三方软件，则会下载并弹出安装对话框。

图 1-60

知识延伸：软件在安装时都做了什么

在软件的安装过程中，都是以向导的形式展示，这些软件在安装时都做了什么呢？为什么软件复制或移动后就无法使用了呢？

1. 检查系统环境

软件安装程序会首先检查系统的硬件和软件环境，以确保满足软件的安装要求。若系统环境不满足要求，安装程序可能会提示用户或直接终止安装。这是很多读者在Windows 7中安装新软件，或者在32位系统中安装64位软件等会报错的原因。建议安装前先查看软件的安装要求。

2. 复制文件

启动安装后，安装包会按照配置创建指定目录，并向指定目录复制程序文件，这是所有安装程序都必须做的。有些还会修改文件的属性信息，如文件属性、安全属性等。如果只有这一步，或者手动复制压缩包中的文件到指定目录，可以认为该软件是绿色软件。

3. 向系统目录写入软件需要的动态链接库文件 .DLL（非必须）

DLL动态链接库文件如果是该软件独有的，在安装时会自动复制到系统目录或软件安装目录中，软件运行时会调用，如果没有找到该文件会报错。这也是有些软件复制后无法运行的原因。DLL是一种特殊文件，它允许程序共享执行特殊任务所必需的代码和其他资源。而有些绿色软件可以直接调用系统中默认的一些动态链接库文件，所以不需要安装。

4. 向注册表写入软件运行的参数（非必须）

许多软件会在注册表中创建一些项，以保存软件的配置信息。安装程序会根据软件的配置信息创建相应的注册表项。有些DLL文件在系统注册时也会将配置写入注册表。

5. 注册服务（非必须）

有些软件会自动安装对应的服务，以便软件可以作为后台服务运行。有些会为软件配置防火墙规则，以便软件可以正常访问网络。

6. 创建各种快捷方式（非必须）

可以在桌面上或者开始菜单中创建软件的快捷启动方式，用来快速启动软件时使用。

安装软件会复制文件，加入动态链接库文件和注册表信息。所以在移除软件时，一定不能直接将软件的目录删除，因为动态链接库文件和注册表文件仍然存在。

正确的卸载软件的过程就是按照安装时记载的安装文件和路径，反向将动态链接库文件取消注册，并将注册表信息删除，最后进行文件的删除。切不可直接删除软件的目录，以免造成软件卸载不干净，影响其他软件，或者造成系统运行不稳定，甚至报错、崩溃的可能。

第2章
计算机硬件检测与监测软件

　　计算机的档次主要取决于其所使用的硬件。用户在配置好计算机并安装操作系统后，通常会对硬件进行全面检测，以确认其是否与配置方案及购买时的参数一致，确保商家没有以次充好，同时检查硬件参数是否正常，是否存在损坏或伪造等问题。此外，用户还可以通过系统检测软件了解当前操作系统的版本信息。监测软件能够实时监控各硬件的资源占用和温度，帮助排除故障，监测超频是否稳定，以及评估硬件性能是否与用户要求相匹配。本章重点介绍一些常用的计算机硬件检测与监测软件。

2.1 使用Windows系统的自带组件查看计算机信息

可以查看计算机配置信息的工具软件有很多，需要下载、安装，涉及一些专业知识。其实如果仅仅是简单地查看计算机的配置信息，可以直接使用Windows自带的工具组件。

2.1.1 使用设备管理器查看硬件信息

设备管理器是Windows系统自带的组件，可以查看设备的属性信息、更新设备的驱动程序、配置设备的详细参数、添加和卸载设备等。在其中就可以看到一些关键的设备名称。

步骤01 在桌面的"此电脑"图标上右击，在弹出的快捷菜单中选择"属性"选项，如图2-1所示。

步骤02 在"系统信息"界面中找到并单击"设备管理器"卡片，如图2-2所示。

图 2-1

图 2-2

步骤03 系统弹出"设备管理器"组件，单击对应设备前面的展开按钮可以展开对应的项目。如单击"处理器"前的展开箭头，可以看到，该计算机使用的是Intel i5-11400F处理器，该CPU是6核12线程处理器，如图2-3所示。

步骤04 展开"显示适配器"可以看到该计算机使用的显卡型号为NVIDIA GeForce GTX 1660，如图2-4所示。其他的设备用户可以自行去查看。

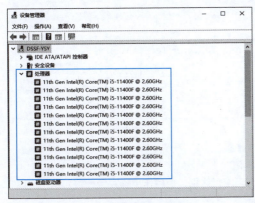

图 2-3

图 2-4

2.1.2 使用任务管理器查看硬件信息

Windows任务管理器提供有关计算机性能的信息，并显示计算机上运行的程序信息、进程信息以及服务信息等。在任务管理器的"性能"中可以查看硬件的相关参数。

步骤01 在"任务栏"上右击，在弹出的快捷菜单中选择"任务管理器"选项，如图2-5所示。

步骤02 默认启动的是"进程"界面，单击"性能"选项卡，如图2-6所示。

 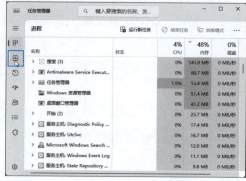

图 2-5　　　　　　　　　　　　　　图 2-6

> **知识点拨**
>
> **快速打开"任务管理器"**
> 使用Ctrl+Shift+Esc组合键可以快速打开任务管理器。

步骤03 选择左侧的CPU选项，在右侧可以看到CPU的相关信息，如图2-7所示。

步骤04 用户可以切换到"内存"选项，在右侧的列表中可以看到内存的相关信息，如图2-8所示。

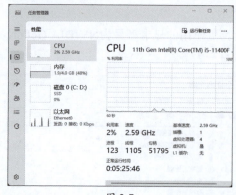 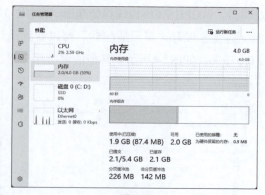

图 2-7　　　　　　　　　　　　　　图 2-8

注意事项 参数的说明

由于笔者使用了虚拟机进行的测试，在硬件识别上略有区别，但操作步骤完全一致，请用户以自己计算机显示的内容为准。

2.2 查看所有硬件信息软件

前面介绍了使用系统软件查看硬件信息的方法和步骤，非常方便。但看到的信息和参数并不是特别全面和准确，如内存品牌、硬盘品牌、转速、缓存、显卡的详细参数等信息。专业用户一般选择第三方硬件信息查看工具进行查看，常使用的硬件总览类软件是AIDA64。

2.2.1 认识AIDA64

AIDA64是一款检测软硬件系统信息的工具，它可以详细地显示计算机的每一方面的信息。AIDA64不仅提供诸如协助超频、硬件侦错、压力测试和传感器监测等多种功能，而且还可以对处理器、系统内存和磁盘驱动器的性能进行全面评估，非常适合新手使用。下面介绍AIDA64的下载方法，通常是从AIDA官网下载。

步骤01 搜索并登录AIDA64官网，单击Downloads按钮，如图2-9所示。

步骤02 进入下载页面后，可以看到AIDA64的版本信息、发布时间、文件大小。用户可以直接购买，也可以下载试用。单击"AIDA64 Extrem"ZIP绿色压缩包后的Download按钮，如图2-10所示，可下载对应的绿色版。

图 2-9

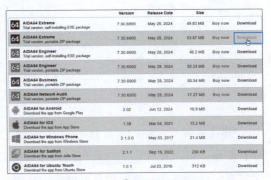

图 2-10

步骤03 在软件信息界面单击download.aida64.com链接按钮，如图2-11所示。

步骤04 在下载对话框中单击"另存为"按钮，如图2-12所示，选择保存位置后开始下载。

图 2-11

图 2-12

步骤05 下载完毕后右击该压缩包，在弹出的快捷菜单中选择WinRAR｜"解压到aida64extreme730"选项，如图2-13所示。

步骤06 解压完毕后，可查看该文件夹内容，如图2-14所示。

图 2-13

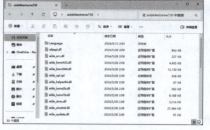

图 2-14

2.2.2 查看计算机信息

因为是绿色软件，下载完毕后不用安装，即可启动软件使用。

步骤01 打开软件所在文件夹，从中找到可以执行的主程序图标，双击启动AIDA64，如图2-15所示。进入软件主界面，左侧列表是对应的项目，右侧是详细信息窗口，也是主要的参数展示区域。上方是菜单区和功能按钮区，如图2-16所示。

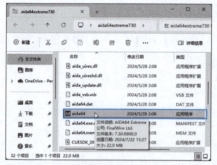

图 2-15

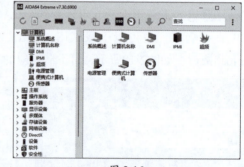

图 2-16

步骤02 展开左侧的"计算机"下拉按钮，选择"系统概述"选项，如图2-17所示。在右侧窗口可以查看当前计算机的操作系统、计算机名称、处理器名、主板芯片组、显卡信息、存储信息、分区信息、网络信息等。

步骤03 如果要查看硬件的详细信息，可以在左侧列表中选择对应的选项，如"中央处理器（CPU）"选项，如图2-18所示，在右侧窗口可以查看处理器的名称、指令集、封装技术、工艺、功耗、主频、外频、倍频、使用率等详细信息。

图 2-17

图 2-18

动手练 图吧工具箱的使用

图吧工具箱，全名"图拉丁吧工具箱"，是开源、免费、绿色、纯净的硬件检测工具合集，专为所有计算机硬件极客、DIY爱好者、各路大神及小白制作。集成大量常见硬件检测、评分工具，一键下载、使用方便。该软件也可以总览系统信息，并且配备多种工具。用户可以通过关键字搜索进入其官方网站，单击"立即下载"按钮进行下载，如图2-19所示。下载完毕，安装到指定目录即可使用，如图2-20所示。

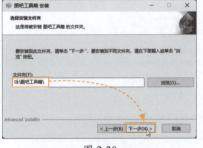

图 2-19　　　　　　　　　　图 2-20

完成后在主界面单击"硬件信息"选项，从"详细信息"中可以查看主机的硬件品牌、型号等信息。从界面上方可以查看设备型号、系统信息和运行的时间，如图2-21所示。从其他选项中可以查看并使用各种工具，如从"主板工具"中就可以直接使用软件中的AIDA64，如图2-22所示，非常方便，省去了查找、下载和解压的时间。

图 2-21　　　　　　　　　　图 2-22

2.3 CPU检测软件

2.2节介绍的AIDA64中有专门的板块可以检测CPU的参数信息，如果用户还需要更专业的CPU检测软件，最常用的就是CPU-Z。

2.3.1 CPU-Z简介

CPU-Z是一款家喻户晓的CPU检测软件，它支持的CPU种类相当全面，软件的启动速度及检测速度也很快。另外，它还能检测主板和内存的相关信息，以及内存双通道的功能。该软件在网上有很多不同的版本和安装包，建议读者去官网下载。

步骤01 打开浏览器，如图2-23所示，在"百度"网站搜索框中输入搜索内容"CPU-Z官网"，在弹出的搜索结果中找到官网，单击链接可直接到达下载界面。

步骤02 在官网的主界面中找到CPU-Z，选择对应的操作系统，这里单击WINDOWS按钮，如图2-24所示。

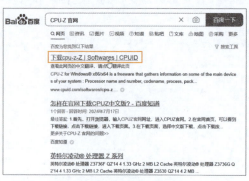 

图 2-23　　　　　　　　　　　　　图 2-24

步骤03 在弹出的界面中用户可以选择需要的版本信息，当前2.10为最新版，里面介绍了更新的信息，下面四个选项分别是英文安装版、英文ZIP版、中文安装版以及中文ZIP版，每一项都包括32位及64位两种版本。单击"ZIP•CHINESE"，下载中文绿色版，如图2-25所示。

步骤04 在下载界面中单击"DOWNLOAD NOW！"按钮，如图2-6所示。浏览器会弹出下载对话框，选择下载的位置后即可下载。

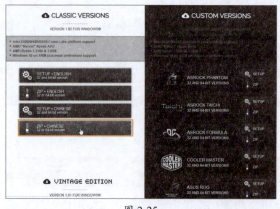 

图 2-25　　　　　　　　　　　　　图 2-26

步骤05 进入下载位置，找到下载的ZIP包"cpu-z_2.10-cn.zip"，右击文件图标，在弹出的快捷菜单中选择WinRAR｜"解压到CPU-Z_1.92-cn"选项，如图2-27所示。本书在4.1.2节有压缩软件使用的相关介绍。

步骤06 进入解压后的文件夹，有两个主程序，对应32位和64位两种不同的系统版本。本书以64位操作系统为例，所以此处双击 "cpuz_x64.EXE" 图标即可启动软件，如图2-28所示。

图 2-27

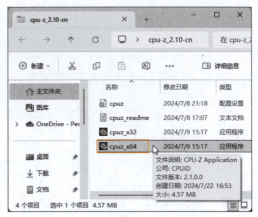

图 2-28

2.3.2 查看CPU信息

如果弹出用户账户控制，选择"允许"即可。随后软件读取CPU的各种信息并弹出主界面，如图2-29所示，默认显示"处理器"选项卡的界面。用户可以自行选择查看的内容，如选择"内存"选项卡，界面如图2-30所示。

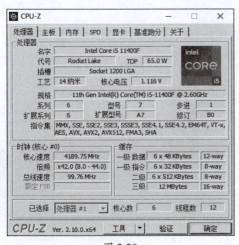

图 2-29

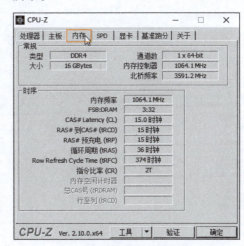

图 2-30

"处理器"选项卡中较详细地展示了CPU的名称、代号、TDP功耗、插槽及封装方式、工艺、核心电压、指令集。规格中可以看到CPU的完整名称，界面下方有主频、外频、倍频、缓存信息、核心数及线程数，涵盖了CPU的所有参数。

在"内存"选项卡中，显示了内存的类型、大小、通道数、内存频率、异步值、时钟信息。在"SPD"选项卡中显示内存的SPA值，包括模块大小、最大带宽、制造商、

27

型号、序列号、生产日期等信息,如图2-31所示。在"显卡"选项卡中显示显卡的信息,如名称、代号、工艺、核心频率、显存大小、类型、供应商、频率等信息,如图2-32所示。其他还包括缓存及主板的信息。

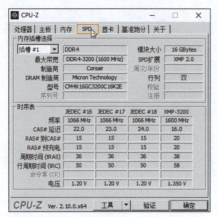
图 2-31

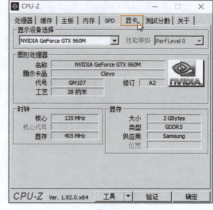
图 2-32

动手练 使用AIDA64软件测试CPU的稳定性

CPU-Z也能测试CPU的稳定性,与其他CPU进行对比。但是大多数测评玩家习惯于使用AIDA64来测试CPU的稳定性,下面介绍测试的方法。

步骤01 打开AIDA64软件,在菜单栏中单击"系统稳定性测试"按钮,如图2-33所示。

步骤02 勾选需要测试项目前面的复选框,单独测试CPU可以勾选Stress CPU、Stress FPU以及Stress cache,完成后单击Start按钮,如图2-34所示。

图 2-33　　　　　　　　　　图 2-34

知识点拨

选项说明

- **Stress CPU**:满载整数运算测试(模拟应用场景:日常办公系列,如打开网页、Office全家桶、聊天软件)。

- **Stress FPU**：满载浮点运算器测试（模拟场景：图形、视频渲染、特效、数据运算、游戏、3A游戏、大场景游戏）。
- **Stress cache**：满载CPU缓存压力测试。
- **Stress system memory**：满载内存压力测试（物理内存使用量及使用读取，包括虚拟内存）。
- **Stress local disks**：满载硬盘压力测试（硬盘使用量及读写速度测试）。
- **Stress GPU (s)**：满载显卡压力测试加压（显卡频率、使用量、显存等测试）。

步骤03 通过软件使CPU满载进行测试，从图形中可以查看到CPU以及各核心的实时温度和历史温度波动图，图2-35所示为CPU的使用率和历史使用率波动图。

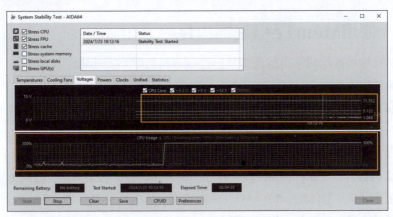

图 2-35

CPU测试时间建议10min左右即可，在测试时，不会死机、蓝屏、报错、温度超出限制，就可以判定正常。测试过程中，AIDA64还会监控主板和硬盘的温度变化，可以随时取消不需要显示的内容，以使结果更加明显。除了可以看到温度外，在测试过程中，还可以通过选项卡来查看包括风扇转速、电压（图2-36）、功耗、频率等更详细的状态信息。测试完毕或测试过程中，随时可以单击Stop按钮停止CPU的测试。

图 2-36

其他常见的CPU性能测试软件

除了AIDA64，其他常见的性能测试软件还有Prime95、Cpuburner、Super等。

2.4 内存检测软件

相对于CPU来说，内存的检测主要测试内存的可用性。

2.4.1 MemTest简介

MemTest是一款可靠的内存检测工具，通过对计算机进行存储与读取操作来分析、检查内存情况。它不但可以彻底地检测内存的稳定度，还可同时测试内存的存储与检索资料的能力，可以了解正在使用的内存可否信赖。如果用户刚购置了硬盘或者计算机设备，想要测试性能，可以使用这款强大的MemTest工具进行测试。

2.4.2 使用MemTest检测内存

为了尽可能提高检测结果的准确性，建议在检测时不要使用计算机，并尽量退出正在运行的各种程序。

步骤01 启动软件后，输入需要测试的内存容量，这里设置为"2800"（2.8GB），再单击Start Testing按钮，如图2-37所示。

步骤02 启动测试后，可以看到测试的进程是否有错误提示，如图2-38所示。

步骤03 再打开一个MemTest程序，按照前面介绍的方法启动测试，直到某个MemTest程序可以直接启动"All unused RAM"，说明所有可用的内存都在测试中，如图2-39所示。接下来就可以注意查看是否有报错现象了。

图 2-37

图 2-38

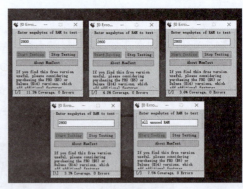

图 2-39

知识点拨

内存速度测试

除了使用MemTest外，很多用户也会使用AIDA64软件进行内存测试。打开AIDA64主界面，单击"内存与缓存测试"按钮，如图2-40所示，在弹出的界面中单击"Start Benchmark"按钮就可以进行测试了，稍等片刻就会弹出测试结果，如图2-41所示。

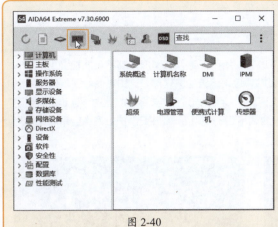
图 2-40

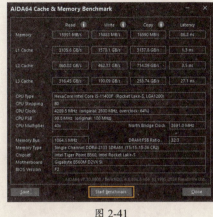
图 2-41

动手练 使用TestMem5检测内存

TestMem5是一个内存测试工具，用于检测计算机内存的稳定性和性能。检查结果中如果有错误发生，意味着内存存在问题。在图吧工具箱中就集成了该工具，打开工具箱后选择"内存工具"，单击TM5按钮，如图2-42所示，就可以启动TestMem5了。

图 2-42

知识点拨

提示

选中工具后，图吧工具箱会在标题栏显示该工具的说明和作用，用户可一目了然。

TestMem5启动后会自动开始检测，在主界面中显示内存的总容量、可获得的容量、用来测试的容量、测试的时间、发现的错误个数等，如图2-43所示。如果测试超过10min没有出现问题，说明内存基本通过测试了。测试通过后会弹出提示，如图2-44所示。

图 2-43

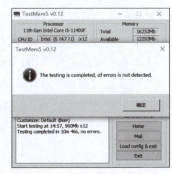

图 2-44

深度测试

因为内存检测只能在内存不使用的情况下进行,所以无论什么情况,都不可能检测到100%的容量。而要检测到尽量多的内存,只能在DOS环境下运行检测软件,这和其他检测软件有所不同,常见的DOS环境的测试工具,如MEMTEST86,可以通过工具刻录到U盘中,通过U盘启动计算机进入测试环境(图2-45),然后再进行测试(图2-46)。一些PE维护工具也自带内存检测工具,用户可以直接使用。

图 2-45

图 2-46

2.5 硬盘检测软件

硬盘属于计算机中的易损件,尤其是机械硬盘,所以硬盘检测要比其他检测重要得多。下面介绍硬盘检测软件的使用方法。

2.5.1 磁盘状态总览

查看磁盘状态的软件有很多种,经常使用的是CrystalDiskInfo。CrystalDiskInfo硬盘检测工具通过读取S.M.A.R.T了解硬盘健康状况。打开该软件,用户就可以迅速读取本机硬盘的详细信息,包括接口、转速、温度、使用时间等。CrystalDiskInfo可以根据S.M.A.R.T的评分做出评估,当硬盘快要损坏时还会发出警报。该软件支持简体中文。

打开该工具后,主界面下方就是S.M.A.R.T信息,高级用户可以查看具体参数。普通用户可以在上面看到一些提取出的、比较重要的信息,如图2-47所示。

图 2-47

> **S.M.A.R.T**
> 自动检测分析及报告技术（S.M.A.R.T）是硬盘状态自动检测与预警系统及规范。现在出厂的硬盘基本上支持S.M.A.R.T技术。这种技术可以对硬盘的磁头单元、盘片电机驱动系统、硬盘内部电路以及盘片表面媒介材料等进行监测，当S.M.A.R.T监测并分析出硬盘可能出现问题时会及时向用户报警，以避免硬盘数据受到损失。

界面上方有固件信息，包括序列号、接口、传输模式、该磁盘包含哪些驱动器、读取和写入的总量、转速，以及当前的健康状态和温度。其中比较重要的是通电次数和通电时间。检测新购买的硬盘时，该数值一般不大，如果用户新买的硬盘，数值和图2-47中差不多，那么有可能购买了返修盘、二手盘或者机器被使用过很久。另外，在界面最上方可以选择磁盘，对于有多硬盘的计算机，可以在这里选择查看的驱动器。

2.5.2 固态硬盘读/写速度检测

读写检测主要用来测试硬盘的速度。读写检测的软件很多，各有特点，笔者经常使用的用于固态硬盘检测的软件是AS SSD Benchmark。这是一款来自德国的SSD专用测试软件，可以测试连续读写、4KB随机读写和响应时间的表现，并给出一个综合评分。该软件能直观反映固态硬盘的写入性能，同时对4K读取的测试也非常专业、准确。

步骤01 下载并打开软件后，可以查看当前分区所在磁盘的状态，用户可以通过单击"C："下拉按钮，来选择需要进行测试的固态硬盘。同时，界面中还可以查看当前磁盘是否开启了AHCI协议，也就是iaStorA。如果开启了，那么显示绿色的OK。如果4K对齐，那么下面一项也是绿色的OK，如图2-48所示。

步骤02 单击下方的Start按钮开始进行读写测试，测试完成后，界面如图2-49所示。其中测试的各项，从上往下，依次为：顺序读写Seq、4K随机读写、64线程4K读写、寻道时间以及测试分数。

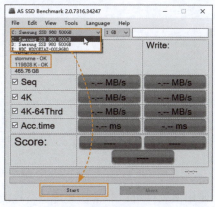

图 2-48

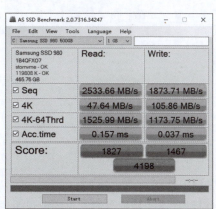

图 2-49

> **知识点拨**
>
> **其他测速软件**
>
> 除了AS SSD Benchmark外,还可以使用CrystalDiskInfo的姊妹软件CrystalDiskMark进行测试,如图2-50所示。单击All按钮,程序就会按照下面所列项目进行逐项测试,每个项目都会测试几次以提高精准度。

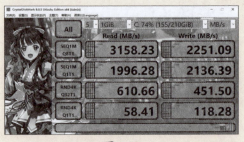

图 2-50

2.5.3 机械硬盘读/写速度检测

机械硬盘经过长时间使用或者在恶劣环境中使用,会产生坏道,从而造成数据的丢失或者读写错误。用户需要使用一些硬盘测试软件来检测硬盘坏块或者坏道,最常用的就是HD Tune Pro。HD Tune Pro是一款小巧易用的硬盘工具软件,其主要功能有硬盘传输速率检测、健康状态检测、温度检测及磁盘表面扫描等。另外,还能检测硬盘的固件版本、序列号、容量、缓存大小以及当前的Ultra DMA模式等。

1. 查看硬盘信息

通过HD Tune Pro可以非常方便地查看硬盘的详细信息。

步骤01 选择需要查看的硬盘后,默认进入信息界面,其中包括硬盘的温度、硬盘的详细信息、支持的特性、固件版本、传输标准、序列号、容量等信息,如图2-51所示。

步骤02 切换到"健康"选项卡,可以查看硬盘的S.M.A.R.T信息,如图2-52所示。

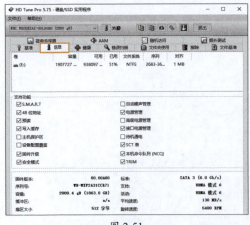

图 2-51

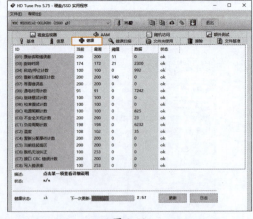

图 2-52

2. 硬盘速度测试

测试硬盘速度是硬盘最常见的测试手段,使用该软件可以非常快速地进行检测。

步骤01 切换到"基准测试"选项卡,单击"开始"按钮进行检测,如图2-53所示。此时检测的是"读取"速度。整个过程可能需要几分钟。

步骤02 如果需要测试"写入"速度,则选中"写入"单选按钮,再次单击"开始"按钮进行测试,如图2-54所示。

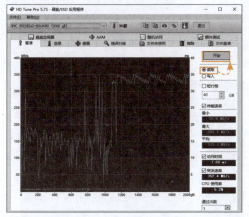

图 2-53

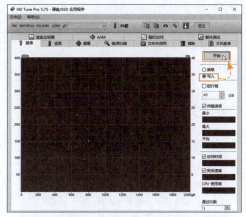

图 2-54

> **注意事项** 写入测试要求
>
> 因为写入测试是完全基于底层的,只要写入了数据就有可能破坏原有数据,所以禁止在硬盘上有数据时做写入测试,一般是用未分区的新盘进行测试。

动手练 机械硬盘坏道检测

HD Tune Pro另一个常用的功能是硬盘坏道检测,一般是对机械硬盘进行坏道检测。

步骤01 切换到"错误扫描"选项卡,选择需要测试的机械硬盘,勾选"快速扫描"复选框后单击"开始"按钮,如图2-55所示。

步骤02 软件开始对硬盘进行扫描时,会显示块的好坏和进度,用户可以根据颜色判断是否有坏块,如图2-56所示。如果全部是绿色,代表硬盘没有坏道。

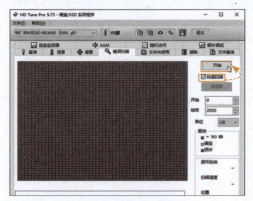

图 2-55

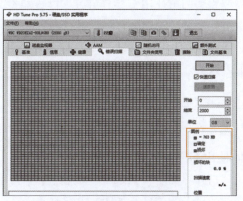

图 2-56

> **知识点拨**
>
> **逻辑坏道和物理坏道**
>
> 　　逻辑坏道是因为使用硬盘时误操作，或者使用软件不当等造成的，可以通过格式化或者磁盘逻辑错误检查进行修复，如图2-57所示。而物理坏道是因为使用硬盘或者移动硬盘时造成磁头与盘片的摩擦，产生了物理的损坏。物理的损坏会随着使用扩散到整块盘片，一般使用低级格式化（图2-58）将坏道、坏块位置进行屏蔽，让磁头不再读写，延缓其扩展。建议在坏道出现时就要考虑备份数据，尽早更换硬盘。物理坏道一般出现在机械硬盘上，而逻辑坏道在机械硬盘和固态硬盘上都可能存在。
>
>
> 　　　　　图 2-57　　　　　　　　　　　　　　图 2-58

2.6　显卡的检测软件

　　显卡是计算机中负责图形的构建以及视频信号输出的重要组件。显卡的检测软件最常用的是GPU-Z。

2.6.1　认识GPU-Z

　　GPU-Z是一款方便实用的检测工具，专门为用户提供显卡和GPU的详尽信息。它不需要安装即可使用，并且可以一键自动查询当前计算机的显卡参数。通过GPU-Z，用户可以轻松了解显卡的各种信息参数，并且结果页面简洁明了。

2.6.2　使用GPU-Z

　　GPU-Z的使用方法和CPU-Z基本类似，下面介绍GPU-Z的常用功能。因为GPU-Z没有中文版，有需要的读者可以自行下载汉化版。

1. 使用 GPU-Z 查看显卡参数

　　打开界面后，如果有多块显卡，可以在左下角进行显卡的切换，切换之后可以查看当前的显卡的信息，如图2-59所示。

显卡的主要参数包括名称、工艺、发布日期、总线接口、总线位宽、显存类型和大小、显存带宽、驱动版本、GPU的频率、显存频率、计算机支持的能力和采用的技术等。其他的信息供高级用户校验和参考使用。

2. 使用 GPU-Z 监测显卡状态

GPU-Z还提供显卡实时监测功能。用户可以切换到"传感器"选项卡，即可查看GPU当前频率、显存频率、显卡温度、显存使用率、负载、电压、温度等信息，如图2-60所示。

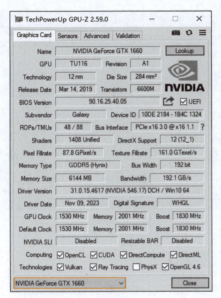

图 2-59

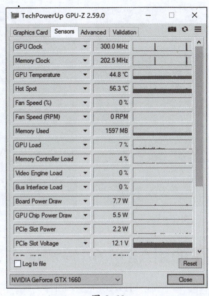

图 2-60

> **知识点拨**
>
> **智能中文提示**
>
> GPU-Z还有一项比较好的功能，如果用户对于其中的某项参数不甚了解，可以将鼠标指针悬停在参数上，软件会弹出提示信息，而且是以中文显示的。

2.6.3 使用FurMark检测显卡的稳定性

显卡的检测和CPU类似，主要目的就是让显卡长时间满载运行，以测试显卡的核心芯片、显存等的稳定性。常用的软件是FurMark，也被称为"甜甜圈"。该软件是一款功能十分强大的OpenGL基准测试工具，能够帮助用户进行显卡性能的测试和使用等。可以检测显卡全力工作的温度和频率，实时记录显卡的温度曲线。建议运行时间为15min，最高不要超过30min，以防止显卡过热产生问题。目前FurMark已经更新到2.0版本。在其官网可以下载绿色版本的FurMark，解压并启动软件就可以使用了。

步骤01 运行软件后会弹出主界面，如图2-61所示。在主界面中会根据显示器显示可以测试的级别，这里默认是1080。在下方可以查看当前的GPU温度和使用率，保持默认，单击RUN按钮。

步骤02 接下来会弹出图形化的测试界面，可以显示当前的帧数、GPU的核心频率、显存频率、TDP、风扇速度、显卡温度及曲线、显卡使用率、当前的运行时间、帧数等内容，如图2-62所示。一般测试半小时即可，如果测试没有异常，说明显卡工作正常，性能没有问题。

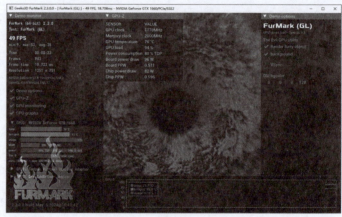

图 2-61 　　　　　　　　　　　　　　图 2-62

动手练 使用AIDA64检测显卡带宽和算力

在AIDA64主界面中单击"GPGPU测试"按钮，如图2-63所示。启动后即可进行显卡与其他硬件设备的通信带宽、速度以及算力测试，测试完毕，即可在GPU列查看显卡的详细测试信息，如图2-64所示。同时还会对CPU进行相同项目的测试。

图 2-63 　　　　　　　　　　　　　　图 2-64

2.7 温度监测软件

温度是计算机的一大杀手,尤其在超频后或者夏天玩游戏时,经常会发生死机状态。为了排除其他的计算机故障造成死机,可以在计算机运行时启动温度监测软件来监控计算机各组件的温度。很多综合型软件,比如腾讯计算机管家、AIDA64里都有。

本例介绍一款小工具,该软件是从魔方软件中提取出来的,一款用于监测计算机设备温度的小工具,能够监测CPU、硬盘、主板等设备的实时温度,并且为用户提供非常方便的悬浮窗查看当前设备温度。魔方温度监测为用户提供声音报警功能,当温度达到警戒温度值时会发出刺耳的声音来警告用户。警告温度可以在设置中自行设置。

打开软件后,可以在主界面中看到,软件监测的4种设备,包括CPU、显卡、硬盘和主板,并且在界面中间以曲线形成展示最近几分钟的温度变化,每条线对应一种设备。在界面右侧有CPU和内存的使用率,如图2-65所示。如果勾选了"任务栏显示"和"悬浮窗显示"复选框,则会在任务栏和桌面上滚动显示4种设备的实时温度,如图2-66所示。

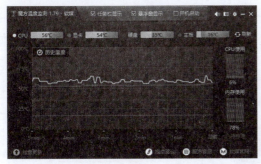

图 2-65

图 2-66

打开设置界面后,可设置各监测项目的显示颜色、警戒温度、使用率界线、报警设置以及是否开启内存整理。有需要的用户可针对不同的选项进行个性化设置,如图2-67所示。悬浮框可拖动到任意位置,右击后可对悬浮框的显示进行设置,如图2-68所示。

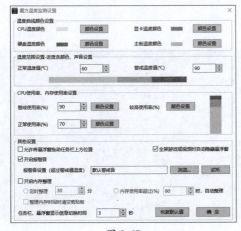

图 2-67

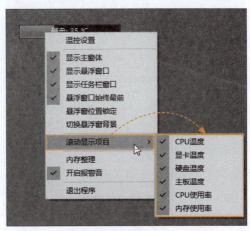

图 2-68

2.8 实时性能监测软件

实时性能监测软件可以实时显示当前计算机硬件的使用率、温度等运行状态，用于了解硬件的运行情况、排查系统故障或者用来进行各种测试。常见的实时性能监测软件比较多，不同的用户可以选择不同的软件。

2.8.1 认识MSI Afterburner

游戏主播在直播计算机游戏时，在游戏画面左上或者右上角会有一种实时监测当前硬件频率和状态的软件，非常实用，这就是MSI Afterburner。

MSI Afterburner也叫微星小飞机，该软件是广受玩家喜爱的超频工具，使用者能够掌握显卡的每个细节。它提供了硬件的详细概述，并附带一些额外的功能，如自定义风扇配置文件、基准测试和视频录制。MSI Afterburner是完全免费的，可以与所有品牌的显卡一起使用。实时监测只是其中的屏幕显示功能，该功能在游戏屏幕上提供系统性能的实时信息显示，因此用户可以密切关注超频设置对游戏的影响。用户可以搜索关键字Afterburner，找到微星官网来下载该软件，如图2-69所示。下载安装包后启动安装，如图2-70所示，安装过程中会安装RivaTuner Statistics Server，这个是监控软件。

图 2-69

图 2-70

2.8.2 使用MSI Afterburner

安装完毕后，首先进行一些基本配置，然后才可以使用该软件。

步骤01 可以从"开始"菜单或者桌面快捷方式中启动该软件。在软件主界面中可以查看及设置显卡的相关参数进行超频。这里单击"设置"按钮，如图2-71所示。

图 2-71

步骤02 切换到"监控"选项卡,在"图表"选项组中勾选需要显示的内容,如图2-72所示。

步骤03 当☑变成选中状态后,在界面下方勾选"在OSD上显示"复选框,然后单击text下拉按钮,可选择显示方式是文本、图形,还是文本和图形一起显示,如图2-73所示。然后查看其他是否有需要显示的选项,按照同样的操作进行设置。完成所有设置后单击"确定"按钮,关闭设置即可。

步骤04 完成显示选项的设置后,双击桌面右下角的RivaTuner Statistics Server图标,可启动该软件进行显示设置,如图2-74所示。

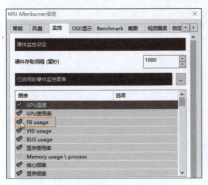
图 2-72

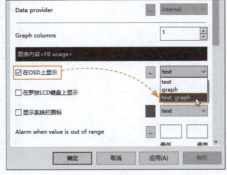
图 2-73

图 2-74

步骤05 启动该软件后,可以在On-Screen Display面板中设置显示的字体颜色,在模拟屏幕中,拖动60到满意的位置,可设置监测数据的显示位置。其他选项可以根据自身情况进行调节,一般用户调节这两项即可。在左侧,可以添加游戏进行个性化显示设置,普通用户使用默认的全局显示设置即可。当然,普通用户可以使用全局显示设置。最后启动"Show On-Screen Display",如图2-75所示。

步骤06 完成后关闭该设置界面,启动游戏查看显示效果,如图2-76所示。如果有不满意的地方,还可以再进行微调。

图 2-75

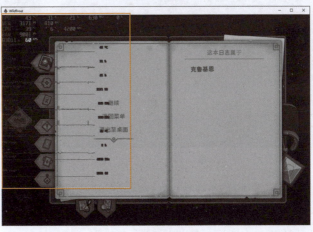
图 2-76

2.8.3 使用AIDA64监测计算机性能

AIDA64的实时监测功能除了可以查看各硬件的实时温度情况，还可监测系统硬件的使用率等信息。下面介绍具体的操作步骤。

步骤01 主界面中选择"计算机"|"传感器"，可以查看系统实时的温度情况、电压、功耗等信息，如图2-77所示。

步骤02 在桌面右下角的AIDA64图标上右击，在弹出的快捷菜单中选择"显示传感器信息板"选项，如图2-78所示。

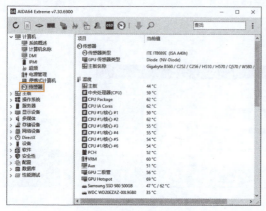

图 2-77

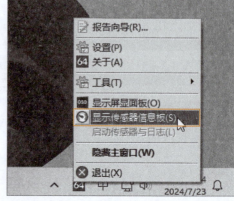

图 2-78

步骤03 软件会弹出传感器信息，包括温度、频率等，但是显示的字体有些问题，项目也少，仅可作为参考使用，如图2-79所示。当然，用户也可以自定义显示参数。

步骤04 在桌面右下角的AIDA64图标上右击，在弹出的快捷菜单中选择"显示屏显面板"选项，如图2-80所示。

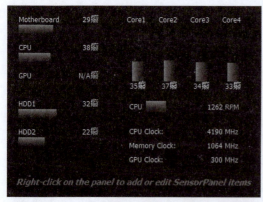

图 2-79

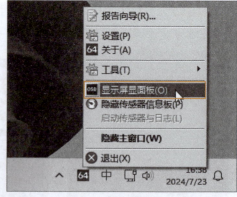

图 2-80

步骤05 在桌面的左上角会显示当前的系统参数，如图2-81所示。

步骤06 如果用户需要自己设置显示的内容，可以在当前的屏显面板上右击，在弹出的快捷菜单中选择"配置"选项，如图2-82所示。

图 2-81　　　　　　　　　图 2-82

步骤07 在"屏显项目"中勾选需要显示的内容，如图2-83所示，也可以移动项目顺序。用户可以通过"配置"设置显示的项目名称、文字颜色、字体等信息。配置完毕返回桌面，可以查看用户所需的实时监测内容，如图2-84所示。

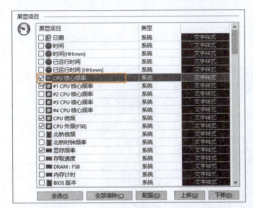

图 2-83　　　　　　　　　图 2-84

动手练　使用"游戏加加"软件检测硬件性能

"游戏加加"是一款帮助用户提升计算机性能、有效改善游戏体验的综合性软件，功能包括：为用户提供专业的计算机硬件检测；实时的桌面/游戏内硬件状态显示；实用的计算机硬件跑分测试；智能的游戏滤镜方案。非常受用户欢迎的还是其游戏监控功能，可以在游戏内实时查看硬件状态，用户可以在其官网中下载该软件的最新安装包。

步骤01 安装后启动软件，会自动扫描系统，并显示所有硬件信息，切换到"游戏内监控"选项卡，如图2-85所示。

图 2-85

步骤02 在界面右侧可设置监控内容，如图2-86所示，还可设置监控的样式、字体等，如图2-87所示。

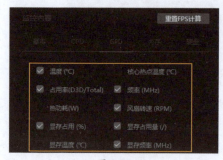
图 2-86

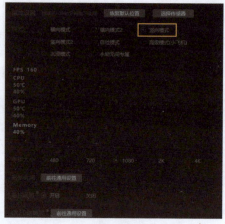
图 2-87

步骤03 打开游戏，在界面左侧自动出现各硬件的实时参数，如图2-88所示。

图 2-88

> **知识点拨**
>
> **使用"游戏加加"软件实时监控计算机性能**
>
> 除了在游戏中使用外，"游戏加加"也支持在桌面上显示硬件的实时参数。切换到"桌面监控"选项卡，选择一款满意的样式，设置监控内容、位置信息等，如图2-89所示。返回到桌面，就可以看到监控信息，如图2-90所示。

图 2-89

图 2-90

2.9 计算机跑分软件

计算机爱好者或者发烧友通过跑分软件来检测计算机的档次和性能，并上传到论坛上，同其他用户进行比较和分享。计算机跑分软件很多，尤其是显卡跑分软件。下面介绍常见的跑分软件的使用方法。

2.9.1 使用鲁大师进行硬件跑分

普通用户常使用的跑分软件是鲁大师。鲁大师是一款个人计算机系统工具，基本上支持所有Windows系统，它是首款检查并尝试修复硬件的软件，能轻松辨别计算机硬件真伪，测试计算机配置，测试计算机温度，保护计算机稳定运行，清查计算机病毒隐患，优化清理系统，提升计算机的运行速度。用户可以进入鲁大师官网中下载该软件。

安装完毕启动主界面，切换到"硬件评测"选项卡，单击"开始评测"按钮，启动跑分测试，如图2-91所示。软件会下载评测组件，并对CPU、显卡、内存、硬盘进行测试跑分，如图2-92所示，测试需要进行一段时间。

图 2-91

图 2-92

注意事项　离线安装包

现在很多网站提供的不是直接安装的软件，而是下载工具，启动后会自动下载，体积小，但必须联网才能安装。而离线安装包也就是通常理解的包含所有软件内容的安装包，无须联网直接安装即可。建议如果有离线安装包提供，尽量下载离线安装包。

鲁大师会将所有的硬件得分进行汇总并显示出来，如图2-93所示，用户可以根据跑分结果进行相应的调整，或与其他跑分软件进行对比。

图 2-93

2.9.2 使用3DMARK软件进行硬件跑分

3DMARK是Futuremark公司的一款专为测量显卡性能的软件，经过多年的发展，该软件已不仅仅是一款衡量显卡性能的软件，已渐渐转变成一款衡量整机性能的软件。现在对显卡进行测评，除了在游戏中观察帧数外，也会通过3DMARK进行跑分测试。该软件需要使用Steam下载与运行，如图2-94所示。

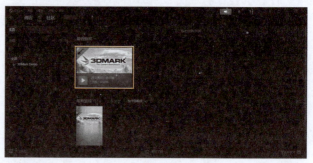

图 2-94

步骤01 启动软件后，单击Option按钮，如图2-95所示。

步骤02 单击Language后的下拉按钮，选择"简体中文"选项，如图2-96所示。

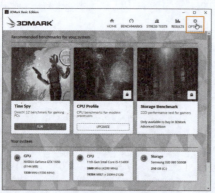

图 2-95

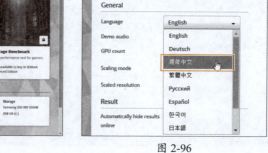

图 2-96

步骤03 重新进入主页，在"基准测试"选项卡中找到并选择Fire Strike卡片，单击，如图2-97所示。进入后可以查看该工具说明，单击"运行"按钮启动测试，如图2-98所示。

图 2-97

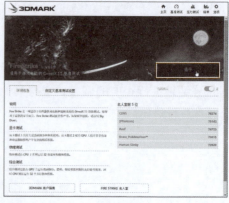

图 2-98

> **知识点拨**
>
> **Steam**
>
> Steam是Valve公司开发设计的游戏平台,是全球最大的综合性数字发行平台之一。玩家可以在该平台购买、下载、讨论、上传和分享游戏及软件。

步骤04 接下来,该工具会收集系统信息,并启动多项测试,如图2-99所示。

步骤05 测试完毕后会显示测试结果,如图2-100所示。

图 2-99

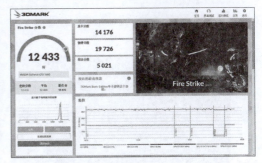

图 2-100

知识延伸:其他外设的检测工具

除了计算机的内部部件有对应的各种测试软件外,计算机的外设也有相应的测试软件。在图吧工具箱的"外设工具"组中有一些常用的外设测试软件。

1. 键盘测试

可以检测键盘的按键,启动该软件后,按对应键盘的按键,如果有信号,键盘的颜色变成黄色,从而测试键盘按键是否能正常工作,如图2-101所示。

图 2-101

2. 鼠标测试工具

可以测试鼠标的单击是不是变成了双击,如图2-102所示。测试鼠标DPI的工具Mouse Rate Checker的界面如图2-103所示。

3. 屏幕测试工具

可以测试屏幕坏点和漏光的测试工具如图2-104所示。显示器色域检测工具如图2-105所示。

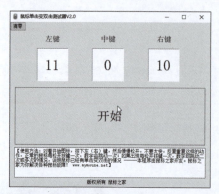

图 2-102　　　　　　　图 2-103

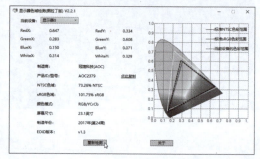

图 2-104　　　　　　　图 2-105

4. 电池检测

如果是笔记本电脑，还可以使用 Battery-InfoView 检测电池信息，如图 2-106 所示。

5. U 盘检测

检测 U 盘是否为扩容盘的工具 MyDisk-Test 如图 2-107 所示。

还可以使用 ChipGenius 来检测 U 盘的主控及其他信息，如图 2-108 所示。

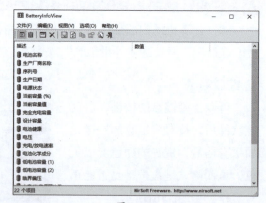

图 2-106

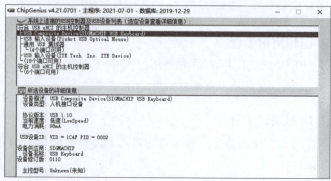

图 2-107　　　　　　　图 2-108

第3章
磁盘管理优化软件

　　磁盘通常指的是机械硬盘，但随着技术的发展，目前固态硬盘（SSD）已经广泛使用，并逐渐取代机械硬盘。尽管固态硬盘使用非磁性材料存储数据，但仍被统称为硬盘。硬盘是计算机中最常用的存储介质，其管理直接影响数据的存储稳定性和安全性。在安装操作系统之前，必须对硬盘进行分区和格式化。本章将重点讲解如何使用软件管理和优化硬盘。

3.1 硬盘分区软件的使用

计算机在安装系统前,需先对硬盘进行分区。本节首先介绍硬盘分区的相关概念以及操作。

3.1.1 认识硬盘分区

硬盘分区是指将硬盘的整体存储空间划分成多个独立的区域,可以分别用来安装操作系统、安装应用程序以及存储数据文件等,以方便管理及使用。可以在桌面双击"此电脑"查看当前的分区状态,笔者的硬盘分区情况如图3-1所示。这里的C盘、D盘就是硬盘分区。硬盘分区是对硬盘的高级操作,比较危险,需要操作者有一定的计算机操作知识和基础。

图 3-1

1. 查看硬盘及分区状态

在"此电脑"中可以查看到硬盘的分区,但一些特殊的分区不会显示出来。所以想要查看当前硬盘更详细的分区信息,可以使用磁盘管理进行查看。

按住Shift键的同时右击"此电脑"图标,在弹出的快捷菜单中选择"管理"选项,弹出"计算机管理"界面,选择"磁盘管理"选项,在中间位置会显示当前的硬盘状态,如图3-2所示。

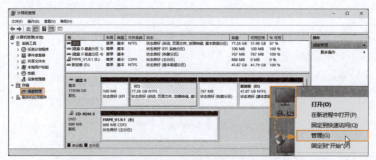

图 3-2

从图3-2中可以看到,机械盘磁盘0,容量为120GB,有四个分区,其中有100MB的EFI引导分区、767MB的恢复分区,这两个分区是无法直接使用的,有其特殊功能。C盘和D盘就是从"此电脑"中看到的两个可以使用的分区。

2. 分区表与分区表的类型

硬盘在完成分区后,会生成一张记录硬盘分区信息、启动分区信息等各种信息的表格。计算机在启动后会读取硬盘分区表,找到引导程序所在位置,并进行引导,从而完成系统的启动。所以硬盘在完成分区操作后，会自动生成硬盘分区表，如该表格损坏，那么计算机启动时将无法找到启动分区的位置，从而造成引导失败，无法进入系统，并且报错，如图3-3所示。硬盘分区表根据硬盘的分区类型，可以分为传统的MBR分区表和现在比较常见的GPT分区表两种类型。

（1）MBR分区表

图 3-3

MBR分区表又称为"主引导记录"，它是存在于磁盘驱动器开始部分的一个特殊的启动扇区。这个扇区包含已安装的操作系统信息，并用代码来启动系统。例如安装了Windows操作系统，其启动信息就置于代码中。如果MBR的信息损坏或误删除，则不能正常启动Windows操作系统。启动计算机时，会先启动主板自带的BIOS系统，再加载MBR分区表。MBR分区表再启动Windows操作系统。MBR分区表对应着传统的Legacy+MBR的启动模式。由于MBR分区表出现得较早，局限较多，现在逐渐被新的引导方式和新的分区表所取代。

（2）GPT分区表

GPT分区表又称为"全局唯一标识磁盘分区表"，它是另外一种更先进、更新颖的磁盘组织方式，被现在流行的UEFI启动广泛使用。GPT分区表对应着UEFI+GTP的启动模式。

GPT分区表的优势：MBR最大支持2.2TB硬盘，GPT最大支持18EB的硬盘（1EB=1024PB，1PB=1024GB）。MBR最多支持4个主分区或者3个主分区+1个扩展分区。GPT支持128个主分区。GPT分区表有备份，而且UEFI模式启动的系统，只能安装在GPT分区中。

3.1.2 使用DiskGenius对硬盘进行分区

正常进入系统后，因为读取并使用了系统分区的文件，所以无法对正在使用的分区进行重新分区，所以需要进入特殊的分区环境——PE中进行分区操作。这里使用的就是DiskGenius。基本上所有的PE都有该工具，使用起来非常方便。关于PE的知识，将在后面的章节重点介绍。

> **注意事项** 分区的创建方法
>
> 除了使用DiskGenius等磁盘工具进行分区的创建外，在正常使用镜像安装操作系统时，也可以在向导中创建磁盘分区。但如果需要使用工具部署安装，则要先创建好分区。

1. 认识DiskGenius

DiskGenius是一款硬盘分区及数据恢复软件，是在最初的DOS版的基础上开发而成的。Windows版本的DiskGenius软件，除了继承并增强了DOS版的大部分功能外，还增加了许多新的功能。如已删除文件恢复、分区复制、分区备份、硬盘复制等功能。

2. 使用 DiskGenius 创建分区

如果是空白的硬盘，可以直接启动该工具创建分区，如果已经存在分区，则需要先删除分区再重新创建。下面介绍删除并创建硬盘分区的整个流程。

步骤01 这里以FirPE为例，进入PE后，启动分区工具DiskGenius，如图3-4所示。

步骤02 在分区上右击，在弹出的快捷菜单中选择"删除当前分区"选项，如图3-5所示。

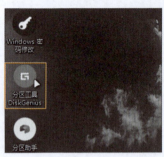 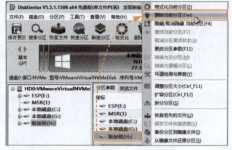

图 3-4　　　　　　　　　　　　　　　图 3-5

步骤03 按照同样的步骤删除其他所有的分区，单击"保存更改"按钮执行保存操作，如图3-6所示。修改磁盘的模式，如果当前是MBR模式，在硬盘选项上右击，在弹出的快捷菜单中选择"转换分区表类型为GUID格式"选项，如图3-7所示。保存更改后就将磁盘转换为GPT格式了。

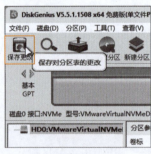 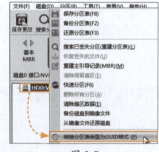

图 3-6　　　　　　　　　　　　　　　图 3-7

注意事项 **DiskGenius的执行模式**

在DiskGenius内执行的大部分操作其实就像编程一样，将用户对磁盘的各种操作记录下来，最后统一执行。虽然对用户而言，每一步操作都对硬盘进行了设置，但实际上硬盘并没有进行更改，只有在用户确定无误的情况下才按步骤执行。如果用户操作错误，只要不保存更改，就可以重新进行设置。切记要进行保存，否则所做的操作都是无效的。

步骤04 在空闲的硬盘上右击，在弹出的快捷菜单中选择"建立新分区"选项，如图3-8所示。

步骤05 勾选"建立ESP分区"复选框，设置ESP分区的大小为"100MB"。勾选"建立MSR分区"复选框，单击"确定"按钮，如图3-9所示。

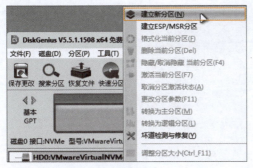
图 3-8

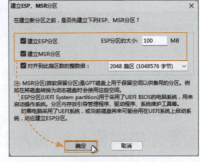
图 3-9

> **知识点拨**
>
> **ESP分区与MSR分区**
>
> ESP分区也叫EFI分区，用来存放启动文件，在启动操作系统时使用，所以也叫启动分区，是UEFI启动所必需的。MSR分区是动态硬盘转换时需要使用，是非必需的。其实还有一个恢复分区，用来构建系统恢复环境时使用，也是非必需的。

步骤06 接下来按照需要创建系统分区，本例创建80GB的系统分区，文件系统类型为NTFS（Windows），其他保持默认，单击"确定"按钮，如图3-10所示。

步骤07 在空闲硬盘空间上继续创建其他分区，因为只有2个分区，这里分区大小保持最大，单击"确定"按钮，将剩余的空间全部分配出去，如图3-11所示。

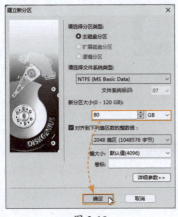
图 3-10

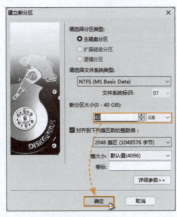
图 3-11

步骤08 完成后执行保存更改，单击"是"按钮，如图3-12所示，会提示是否格式化，单击"是"按钮，如图3-13所示。

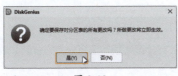
图 3-12

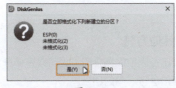
图 3-13

步骤09 这样就完成了硬盘的分区操作，最后的分区图如图3-14所示。

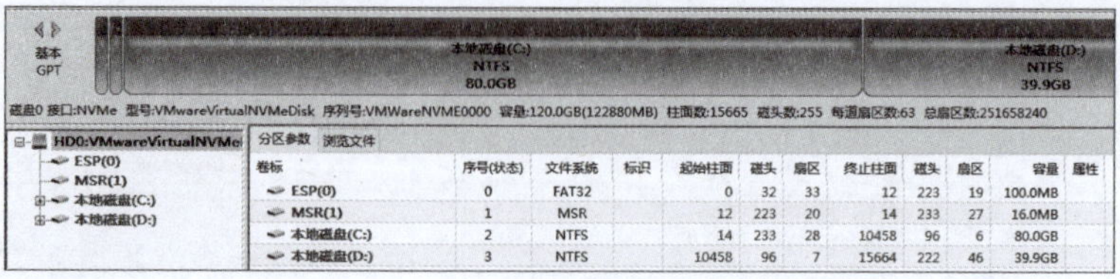

图 3-14

动手练 无损调整分区的大小

分区创建完毕后，默认情况下调整分区的大小比较麻烦，需要删除分区后再重新建立分区，此时分区中的数据就会被删除。使用了DiskGenius后，它可以无损地调整分区的大小。注意，该操作有可能因为各种原因失败或产生各种问题，建议有一定基础和风险接受能力的读者使用，另外需要备份好重要的文件。下面以从分区D划出10GB给分区C为例进行讲解。

步骤01 在D盘上右击，在弹出的快捷菜单中选择"调整分区大小"选项，如图3-15所示。

步骤02 将"分区前部的空间"设置为10GB，完成后单击"开始"按钮，如图3-16所示。经过多次确认后，分出10GB空闲空间。

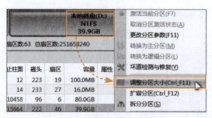

图 3-15

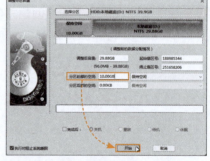

图 3-16

步骤03 在空闲空间上右击，在弹出的快捷菜单中选择"将空闲空间分配给"|"分区：本地磁盘（C：）"选项，如图3-17所示，这样就完成了C盘的扩容，如图3-18所示。

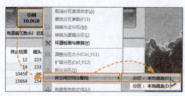

图 3-17

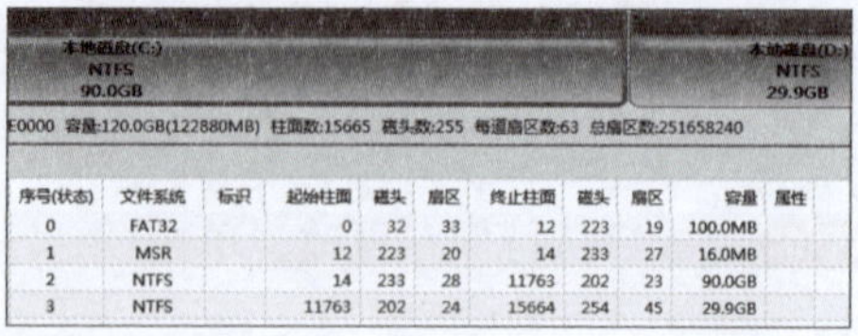

图 3-18

> **知识点拨**
>
> **扩容的其他方法**
>
> 除了先分出空闲空间再分配，也可以直接选择扩容分区选项，选择分出的分区，调整分出的容量后，可以直接进行容量的调整。

3.2 数据恢复工具的使用

日常使用计算机的过程中会删除一些文件，正常情况下删除的文件会存放到"回收站"中，如果清空了回收站，或者在删除文件时使用了Shift+Delete组合键，就会将文件彻底删除，无法通过回收站找回，这种情况下如果想恢复文件，就需要使用数据恢复工具进行恢复。

3.2.1 数据恢复的原理

硬盘相当于一个仓库，被划分为很多小的存储单元，像存储柜一样，写入数据相当于在存储柜中放置物品，而读取则相当于在存储柜中取物品。存储柜会为存储的物品进行编号，并记录在一张专用的登记表上，在取物品时则会读取这张登记表。删除的原理相当于在存储柜的物品上贴上"已删除"的标签，并在登记表上登记。清空回收站或是彻底删除，则是除了给物品贴上"已删除"标签外，还在登记表上擦除了物品的登记信息。此时则无法通过登记表找到该物品。放物品时，只要存储柜有"已删除"标签，就会直接覆盖原物品。

其实在彻底删除后，其物品还在存储柜中，只是没登记。存储柜也贴了删除标签，但并不是立刻删除，而是等下一批物品使用该存储柜时才会覆盖。所以只要没再存储数据，那么被删除的数据就还在。恢复软件就相当于到每个存储柜去查找，重新登记所有的物品信息。如果用户删除的这批物品没被覆盖，就可以取出来，这就是数据恢复的原理。数据恢复从原理上是可以的，但无法保证百分之百成功。利用一些高级软件和高级设备可以提升修复率，但代价非常大，所以做好数据备份工作很有必要。

> **知识点拨**
>
> **机械硬盘恢复成功率高于固态硬盘**
>
> 机械硬盘的数据修复成功率要高于固态硬盘，这是由两者的存储方式和存储原理决定的。固态硬盘的随机存储、自动整理等，相对于机械硬盘更容易发生被覆盖的情况，而且固态硬盘一旦损坏，数据更加无法恢复（机械硬盘还可以拆开，使用特殊的机器读取内部的磁性盘体）。所以纯数据尽量存储在机械硬盘上，并且要经常备份。

> **注意事项 误删除发生后的操作**
>
> 当发生重要数据被误删除的情况，应立即关闭计算机的电源（特殊情况还可以直接给计算机断电），不能再次进入系统中。可以进入PE中（它相当于另一个系统，并且不会向系统分区执行写入操作），进行数据恢复，或者将硬盘拆下来，放在其他计算机上恢复，或者交给专业人士恢复。科学地采取各种手段，可以极大地提高恢复的可能性，但读者需要明确，任何人都不可能保证，一定能够恢复误删除的数据。

3.2.2 使用7-Data数据恢复

在PE中会自带一些数据恢复软件,可以用于数据恢复,常见的数据恢复软件的操作基本类似。下面就以7-Data为例,向读者介绍数据恢复的常见流程。下面以3张图片为例,在系统中彻底删除后,在PE中进行数据的恢复和还原。

步骤01 在PE中启动7-Data数据恢复,在主界面中单击"删除的文件恢复"按钮,如图3-19所示。

步骤02 选择误删除文件所在的分区,本例选择H盘,单击"下一步"按钮,如图3-20所示。

图 3-19

图 3-20

步骤03 软件会自动进行扫描,稍等片刻,如果发现了误删除的文件,则会记录并显示出来。勾选需要恢复的文件,单击"保存到"按钮,如图3-21所示。

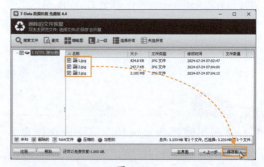

图 3-21

知识点拨

筛选文件

如果文件较多,可以通过"搜索文件"对话框配置筛选条件,如图3-22所示,在显示文件列表中缩小范围,找到自己需要恢复的文件。

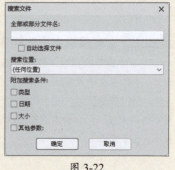

图 3-22

步骤04 设置文件恢复后的保存位置，建议保存到其他正常的分区中，以免再次覆盖文件或者在恢复失败时，能够使用其他的恢复软件继续扫描恢复。本例保存到PE的"桌面"中，如图3-23所示。

步骤05 恢复完毕后，弹出成功提示。在设置的位置就可以看到被恢复的文件，如图3-24所示。

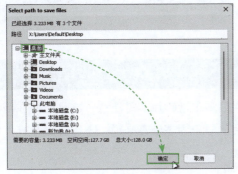
图 3-23

图 3-24

动手练 使用DiskGenius进行数据恢复

除了7-Data外，DiskGenius也可以进行数据恢复。下面介绍恢复的操作步骤。

步骤01 打开DiskGenius软件，选择误删除文件所在分区，本例选择"H盘"，单击界面左上角的"恢复文件"按钮，如图3-25所示。

步骤02 保持默认值，单击"开始"按钮，如图3-26所示。

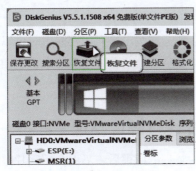
图 3-25

图 3-26

步骤03 扫描后会找到所有删除的文件，如果文件较多，可以在界面上方输入筛选条件，单击"过滤"按钮，筛选出符合条件的文件，如图3-27所示。

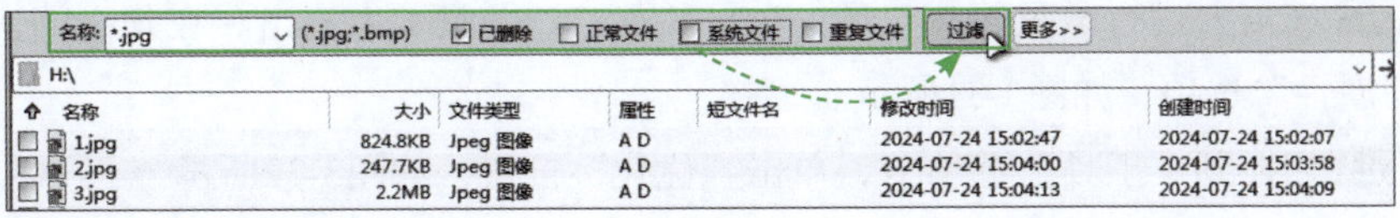

图 3-27

步骤04 勾选需要恢复的文件，在文件上右击，在弹出的快捷菜单中选择"复制到'桌面'"选项，如图3-28所示。接下来就可以在桌面上查看恢复的文件，如图3-29所示。

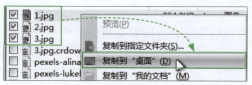

图 3-28

图 3-29

3.3 磁盘碎片整理软件

在使用过程中，Windows操作系统会产生很多磁盘碎片。需注意，这是文件在磁盘上存储的逻辑型碎片，不是指磁盘的物理碎片。对于固态硬盘来说，不需要磁盘碎片整理，所以磁盘碎片整理主要针对的是机械硬盘。

3.3.1 磁盘碎片产生的原因及影响

磁盘碎片也称为文件碎片，通常文件被分散保存在整个磁盘的不同地方，而不是连续地保存在磁盘的簇中。另外虚拟内存管理程序也会产生大量的碎片，这是产生硬盘碎片的主要原因。磁盘碎片会降低硬盘的查找速度，这主要是硬盘读取文件需要在多个碎片之间跳转，增加了等待盘片旋转到指定扇区的时间和磁头切换磁道所需的寻道时间。从而降低了整个系统的运行效率。

3.3.2 磁盘碎片整理的原理

磁盘碎片整理是将不连续的文件按照某种标准按序排列。在使用时可以减少磁头的无序读取，可以连续读取很多数据，间接提高了磁盘的有效读取效率。定期对机械硬盘做磁盘碎片整理操作，可以保持计算机的良性运行。

动手练 使用Windows自带组件进行碎片整理

在介绍了碎片产生以及碎片整理的原理后，下面介绍碎片整理的方法。其实Windows本身就带有碎片整理的组件，普通用户无须下载第三方软件，即可进行磁盘碎片整理操作。

步骤01 启动计算机，进入桌面环境，双击"此电脑"进入管理界面，如图3-30所示。

步骤02 在需要进行磁盘碎片整理的分区（如"C:"盘）上右击，在弹出的快捷菜单中选择"属性"选项，如图3-31所示。

步骤03 切换到"工具"选项卡，单击"优化"按钮，如图3-32所示。

 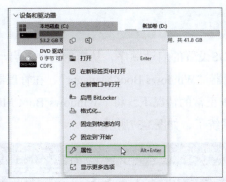 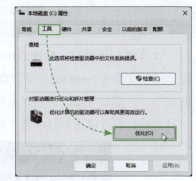

图 3-30　　　　　　　　　图 3-31　　　　　　　　　图 3-32

步骤04 在"优化驱动器"界面中选择需要优化的磁盘,这里选择"C:"盘,然后单击"分析"按钮,如图3-33所示。

步骤05 分析完毕后单击"优化"按钮,如图3-34所示。

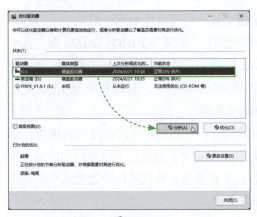 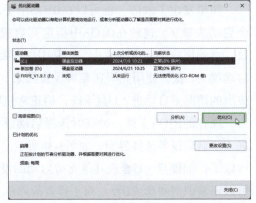

图 3-33　　　　　　　　　　　　　　　图 3-34

步骤06 软件开始执行碎片整理程序,此时单击"停止"按钮可暂停整理,如图3-35所示。软件会自动整理,根据分区大小和碎片情况,花费的时间也不同。整理结果如图3-36所示。

图 3-35　　　　　　　　　　　　　　　图 3-36

知识延伸：开机指定设备启动

计算机在开机后，会按照BIOS设置的启动顺序，从指定的硬盘启动。从原理上来说，是移交给Windows的启动管理器"Windows Boot Manager"，在管理器中会指定启动的设备，一般是硬盘。所以在系统正常的情况下，将"Windows Boot Manager"作为第一启动项目就可以正常启动操作系统了，如图3-37所示。

图 3-37

如果发生了故障，也可以在BIOS中手动指定具体的硬盘作为第一启动项（但有时会启动失败）。这种在BIOS中指定开启选项的操作，在保存了BIOS设置后会一直生效，直到用户手动更改为止。如果用户需要从U盘启动，就需要在BIOS中重新设置第一启动项为U盘，使用完毕还要再设置回来。如果忘记调整回去，计算机就会在U盘忘记拔出的情况下自动进入U盘系统，给正常使用造成影响。

现在的BIOS支持一种临时选择启动设备的功能，在开机时狂按指定的快捷键，就进入了启动设备选择界面，如图3-38所示。无须进入BIOS，直接选择需要启动的设备就可以了，如硬盘、U盘或其他支持启动的设备，非常方便。而且可以快速测试系统是否可以正常识别硬盘或U盘，对于排查故障也非常方便。

不同主板、不同品牌的计算机进入启动设备选择界面的快捷键各不相同，图3-39为常见的一些主板、台式机、笔记本电脑进入启动设备选择界面的快捷方式，用户可以查找对应的快捷键，插上U盘，在开机时狂按对应的快捷键，进入启动设备选择界面。如果快捷键失效，请根据具体型号，在其官网中咨询或者查看产品的说明书。如果仍无法解决，请依然通过BIOS的启动顺序设置来调整。

主板	启动快捷键	笔记本电脑	启动快捷键	台式机	启动快捷键
华硕	F8	联想	F12	联想	F12
技嘉	F12	宏碁	F12	惠普	F12
微星	F11	华硕	ESC	宏碁	F12
映泰	F9	惠普	F9	戴尔	ESC
昂达	F11	戴尔	F12	神州	F12
梅捷	ESC或F12	神州	F12	华硕	F8
七彩虹	ESC或F11	东芝	F12	方正	F12
双敏	ESC	三星	F12	清华同方	F12
富士康	ESC或F12	IBM	F12	海尔	F12
斯巴达克	ESC	方正	F12	明基	F8

图 3-38　　　　　　　　　　　　　　　　图 3-39

第4章
文件管理软件

有效管理各类文件对办公一族至关重要。Windows中有多种文件类型,如音频、视频、文档和系统文件。文件管理包括组织、查找、加密、存储、备份、分享和获取等操作。本章重点介绍常见的文件管理软件及其操作方法。

4.1 文件压缩软件

计算机中的常见文件包括安装包文件、图片文件、文档文件、视频文件、系统文件等。在分享或者发送文件的过程中，一般需要先打包压缩后再进行发送，这样可以减少文件体积，提高发送及接收的效率，同时还可以为压缩包加密，使文件更安全。本节将以常见的压缩软件WinRAR为例介绍压缩及解压的操作方法。

4.1.1 文件压缩原理

文件在计算机中的存在和传播形式是以二进制形式进行的。类似于101000000这种形式。而压缩软件按照某种算法对文件进行压缩，如将ABBBB压缩为A4B，或者针对经常出现的如ABABAB，以C代表，通过类似的算法减小文件体积。当然，真实算法要更复杂。

注意事项 压缩文件的使用

压缩后的文件不能直接使用，需要对方使用同一种算法的应用软件解压，然后计算机才能正常识别及使用该文件。文件压缩率的高低和算法以及源文件大小有关。如果要将压缩文件进行二次压缩来减小体积，是无法实现的。

Windows 11默认支持ZIP格式的压缩和解压（图4-1），以及RAR格式的解压（图4-2）。但其无法将文件压缩为RAR文件格式，而且在压缩效率以及兼容性方面都不及第三方压缩工具，所以下面以常见的WinRAR压缩软件为例介绍压缩及解压的操作方法。

图 4-1

图 4-2

4.1.2 WinRAR的使用

文件压缩软件有很多，如7-Zip、Bandizip、好压等。最常见的是WinRAR软件。WinRAR是一款功能非常强大的文件压缩和解压缩软件。它包含强力压缩、分卷、加密和自解压模块，支持目前绝大部分的压缩文件格式的解压。其优点是压缩率高、速度快。WinRAR可以解压RAR、ZIP和其他格式的压缩文件，并能创建RAR和ZIP格式的压缩文件。

1. WinRAR 的下载和安装

在WinRAR官网中提供了7.0个人免费版，用户可以直接下载、安装。

在百度搜索中输入WinRAR并进入官方网站。在主界面中单击"64位 下载"按钮即可下载，如图4-3所示。下载完毕后，和普通软件类似，双击安装文件，启动安装向导，设置好安装位置后就可以安装了。

在安装了WinRAR后，系统不会自动关联，RAR文件图标为未识别状态，双击该文件，会弹出打开对话框，选择WinRAR，单击"始终"按钮，如图4-4所示。这样文件图标就会变成正常的WinRAR打开的状态了。

图 4-3

图 4-4

2. 使用 WinRAR 解压功能

双击压缩文件，用户可查看压缩文件内的文件存储形式，如图4-5所示。在上方的工具栏界面中单击"解压到"按钮，在打开的对话框中选择解压位置，单击"确定"按钮，即可解压文件，如图4-6所示。

解压完成后用户可查看到解压后的文件，如图4-7所示。

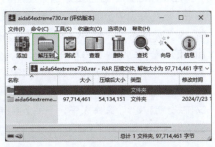

图 4-5

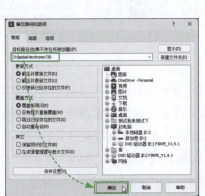

图 4-6

图 4-7

快速解压的方法

双击压缩文件后,选择需要解压的文件,使用鼠标拖曳到指定位置,松开鼠标后,也可以完成解压操作,如图4-8所示,压缩文件会自动解压到拖曳的文件夹中。该操作对多个文件需要解压其中单个文件或一部分文件也同样适用。

如果压缩包中是文件夹,可以右击压缩文件,在弹出的快捷菜单中选择WinRAR|"解压到当前文件夹"选项,如图4-9所示。也可以快速地进行文件的解压操作,而且是最常见的解压操作。

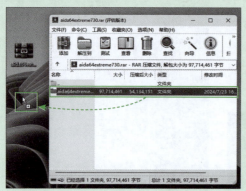

图 4-8　　　　　　　　　　　　图 4-9

注意事项　科学地解压

注意以上介绍的是压缩包中压缩的是文件夹形式。若压缩包中全部是文件,并不是文件夹形式的,就需要选择"解压到××××\"选项,如图4-10所示的"解压到aida64extreme730\"。这是解压到"aida64extreme730"的文件夹中。若没有该文件夹,则自动创建一个。这样系统会将解压后的文件统一放入一个文件夹中,不至于满屏都是解压的文件。

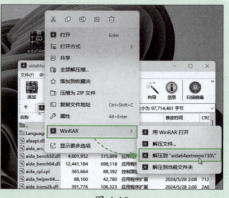

图 4-10

3. 使用 WinRAR 压缩功能

在文件需要传送给其他人、存储到网盘中或者减少硬盘占用时,需要先对文件或文件夹进行压缩操作。如果有多个文件或文件夹,建议压缩前将所有需要压缩的文件或文件夹统一放入新创建的文件夹中,设置文件夹名称后再对文件夹进行压缩。

在要压缩的文件夹上右击,在弹出的快捷菜单中选择WinRAR|"添加到压缩文件"选项,如图4-11所示。在"压缩文件名和参数"对话框中设置压缩文件名,单击"确定"按钮即可进行压缩操作,如图4-12所示。

图 4-11

图 4-12

> **知识点拨**
>
> **快速创建压缩文件**
>
> 如果压缩文件夹中是以文件夹形式组织的，且没有其他需要设置的地方，如在本例中，则可以在图4-11中选择"添加到aida64extreme730"选项，则WinRAR不会弹出压缩对话框，直接生成压缩文件，非常方便，该方法也是压缩文件常用的操作。

4. 创建及使用解压密码

在使用WinRAR创建压缩时，还可以为其添加解压密码，只有输入正确的密码后才能够执行解压操作，在一定程度上提高了压缩文件的安全性。下面介绍为压缩文件创建解压密码的操作步骤。

右击文件夹，在弹出的快捷菜单中选择WinRAR｜"添加到压缩文件"选项，在弹出的对话框中单击"设置密码"按钮，如图4-13所示。在弹出的"输入密码"对话框中输入并确认密码，完成后单击"确定"按钮，如图4-14所示。

完成后返回压缩对话框，确认退出就完成了解压密码的创建。用户在进行解压文件时，必须要输入解压密码方能正常解压，如图4-15所示。

图 4-13

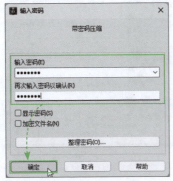

图 4-14

图 4-15

知识点拨

加密文件名

在图4-16中,保持默认进行了加密压缩,在解压时是可以看到压缩文件内容的,也就是可以看到里面包含了哪些文件。而如果在加密参数设置时勾选了"加密文件名"复选框后再执行加密压缩,则在打开压缩包时,就会提示要求输入解压密码,而无法查看内部的文件结构,如图4-16所示。

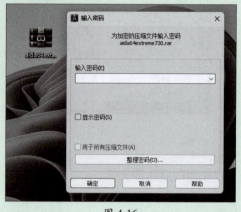

图 4-16

动手练 创建自解压压缩文件

以上介绍的操作需安装了WinRAR软件才能进行,但如果文件的接收方没有安装WinRAR软件,如何让其解压?可以在创建压缩文件时设置为自解压格式。压缩后的压缩包就包含了解压的程序,接收方像对待安装包一样,双击该压缩文件即可启动解压。

步骤01 右击目标文件,在弹出的快捷菜单中选择WinRAR|"添加到压缩文件"选项,在弹出的对话框中勾选"创建自解压格式压缩文件"复选框,此时可以看到压缩文件名从"***.rar"变成了"***.exe"。单击"确定"按钮,如图4-17所示。

步骤02 压缩后,用户可看到该文件图标变成了可执行程序,双击后启动自解压文件解压的向导,选择解压的位置,然后单击"解压"按钮即可启动解压,如图4-18所示。

图 4-17

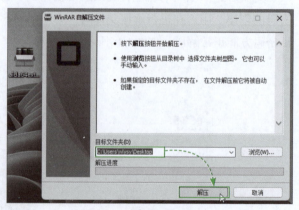

图 4-18

4.2 分区文件备份还原软件

"硬盘有价，数据无价"突出说明了数据的重要性。数据或文件的损坏或者丢失有时会造成很严重的后果。虽然现在有专门的数据恢复，但任何人都不可能百分百地将数据恢复，所以及时备份才是正确的选择。

DISM（Deployment Image Servicing and Management，部署映像服务和管理）用于安装、卸载、配置和更新脱机Windows映像和脱机Windows预安装环境（Windows PE）映像中的功能和程序包。DISM++是DISM的图形化界面工具，该软件是一款强大的Windows优化及备份还原工具，可以帮助用户优化系统、对系统分区瘦身、对垃圾文件进行清理、启动管理、安装系统、备份还原系统、管理软件、卸载无用的程序等。其中的备份还原对于新手非常实用，通过DISM++可以备份整个分区，包括其中的所有文件。当分区文件被误删除后，可以随时还原整个分区的文件。如果备份的是系统分区，在还原后系统也会恢复到创建时的正常状态，要优于全新安装，如果其中有程序损坏，在还原后程序也能恢复正常的使用。本节将介绍如何利用DISM++程序来进行分区的备份与还原。

4.2.1 使用DISM++备份分区

虽然DISM++可以进行热备份（系统运行时进行备份），但为了保证其工作的稳定性和备份文件的安全性，建议在PE中进行操作。现在大部分PE集成了DISM++。

步骤01 进入PE，找到并启动DISM++，如图4-19所示。

步骤02 进入到主界面，选择硬盘中的系统，单击"打开会话"按钮，如图4-20所示。

图 4-19　　　　　　　　　　图 4-20

步骤03 在左侧选择"工具箱"选项，单击"系统备份"按钮，如图4-21所示。

步骤04 设置保存的镜像的名称、参数，以方便识别，选择保存位置后单击"确定"按钮，如图4-22所示。

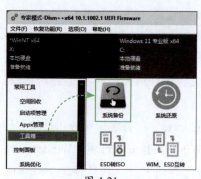
图 4-21

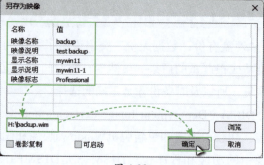
图 4-22

接下来会自动对系统分区进行备份，当进度条达到100%后，就完成了备份，可以到目录中查看到该备份的文件。

4.2.2 使用DISM++还原分区

备份完毕，如果系统分区发生了故障或者文件损坏，可以通过DISM++将系统还原到备份时的状态。其实DISM++也常被用于安装操作系统。安装系统和分区还原其实从原理上操作是一样的。

步骤01 打开DISM++，从"工具箱"选项卡中单击并启动"系统还原"按钮，如图4-23所示。

步骤02 在弹出的对话框中，选择备份的文件和还原的系统分区，勾选Compact、"添加引导"及"格式化"复选框，单击上面的"浏览"按钮，选择刚才备份的镜像。单击下面的"浏览"按钮，选择还原的分区。完成后单击"确定"按钮，如图4-24所示。该方法也适合安装操作系统时进行配置。

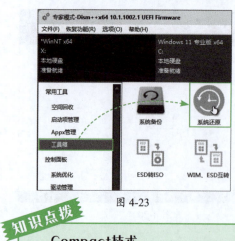
图 4-23   图 4-24

> **知识点拨**
>
> **Compact技术**
>
> Compact是Windows 10操作系统新引入的压缩启动技术。一般能减少1/3的空间占用，并且几乎不影响I/O性能。

接下来DISM++会自动进行系统分区的还原，等待结束即可。DISM++还有个特殊优势，就是其备份的文件可以使用工具打开，从中找到损坏文件的备份，将其拖曳出来即可使用，如图4-25、图4-26所示。

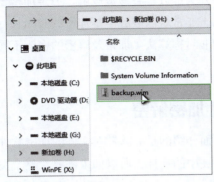

图 4-25　　　　　　　　　　图 4-26

动手练 使用DISM++进行增量备份及还原

使用DISM++还可以进行增量备份，只备份修改后变化的内容，这样一方面保证了镜像的完整性，另一方面还可以选择不同的还原点，并且减小了备份文件的体积。

步骤01 在初始备份完成后，再次打开DISM++，并执行相同的备份操作，此时选择已经备份好的映像文件，注意修改名称标识，以方便识别。最后单击"确定"按钮，启动备份，如图4-27所示。

步骤02 备份完成后，按照前面介绍的配置进行还原，基础配置完毕，单击"目标映像"后的下拉按钮，就可以看到最新的备份以及之前的备份。在此选择需要还原的映像，如图4-28所示，最后正常启动还原即可。

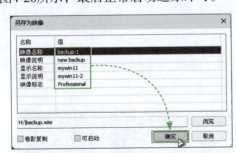
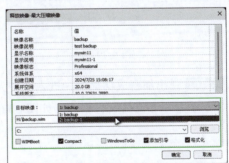

图 4-27　　　　　　　　　　图 4-28

4.3 文件加密软件的应用

文件加密的目的是防止其他用户执行查看、修改、移动、删除等操作。本节将着重介绍文件加密的原理，以及加密软件的使用方法。

4.3.1 文件加密概述

文件加密是根据某个特定算法，通过密钥或者密码将文件加密，传输或存储时可以保证文件的安全性。有些加密仅加密文件的开头部分，容易被破解，但是加密速度快，适用性广。有些加密是加密文件的所有数据，非常难以破解但是加密的时间长。加密算法分为对称加密（加密及解密密钥一致）和非对称算法（加密及解密的密钥不同，可以互相认证）。

4.3.2 使用加密软件进行文件加密解密

文件及文件夹的加密软件有很多种，下面介绍的是一款针对文件的加密软件，虽然也有加密文件夹的功能，但是针对的是文件夹中的文件，所以如果需要对整个文件夹进行加密。可以将文件夹压缩成RAR文件，然后再加密，配置RAR的加密更加安全。

1. 使用文件加密器加密文件

该软件采用的是AES算法，根据用户输入的密码生成256位密钥对文件进行加密，加密速度约为10MB/s。加密后文件是可以看到的，但无法打开及运行。

步骤01 启动该软件，设置加密密码及确认密码，单击"文件加密"按钮，如图4-29所示。找到并选择需要加密的文件，单击"打开"按钮，如图4-30所示。

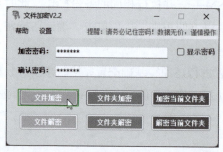

图 4-29

图 4-30

步骤02 弹出加密成功提示，进入文件夹中可以看到该文件，如图4-31所示，但双击启动时，会显示不支持文件格式，如图4-32所示，说明加密成功了。

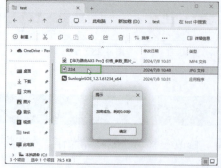

图 4-31

图 4-32

2. 使用文件加密器解密文件

解密文件的方法也很简单，打开该软件，输入加密密码和确认密码，单击"文件解密"按钮，如图4-33所示，找到并选择加密的文件，单击"打开"按钮即可，如图4-34所示。

图 4-33　　　　　　　　　　　　　图 4-34

对文件夹的加密和解密与此类似，输入密码并选择文件夹即可，这样文件夹中的所有文件都会被加密或解密。

动手练　使用Encrypto进行强加密及解密

该程序非常小，支持Windows和MAC系统，主要的功能就是加密。该软件使用了全球知名的高强度AES-256加密算法，这是目前密码学最流行的算法之一，被广泛应用于军事科技领域，文件被破解的可能性几乎为零，安全性极高。但因为这种运算比较复杂，所以加密大文件需要一定的时间。用户可以到MacPaw官网中找到并下载安装该软件，下面介绍该软件的使用方法。

步骤01　启动该软件后，将要加密的文件或文件夹拖动到 ↓ 区域，如图4-35所示。

步骤02　输入加密密码，单击Encrypt按钮，如图4-36所示。

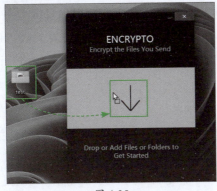　

图 4-35　　　　　　　　　　　　　图 4-36

步骤03　加密完成后，单击Save As按钮，如图4-37所示。

步骤04　设置保存位置进行保存即可，如图4-38所示。

 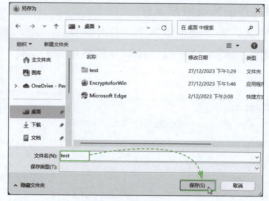

图 4-37　　　　　　　　　　　　图 4-38

步骤05 接下来，将Encrypto软件、加密后的文件以及加密密钥发送给对方，对方安装软件后，双击加密文件，在弹出的对话框中输入加密密码，单击Decrypt按钮，如图4-39所示。

步骤06 待解压完毕后，单击Save As按钮，如图4-40所示。选择保存位置后，保存解密后的文件或文件夹即可。

图 4-39　　　　　　　　　　　　图 4-40

4.4 网络备份与分享

网络备份是将文件备份到网络服务商提供的在线网盘中，通过网盘也可将文件分享给其他人下载。比较常见的网盘有百度网盘、阿里云盘、天翼云盘、腾讯微云、OneDrive、蓝奏云等。下面以百度网盘为例，对其使用方法和操作步骤进行讲解。

4.4.1 认识百度网盘

百度网盘是百度公司推出的安全云存储服务产品。百度网盘可以轻松地进行照片、视频、文档等文件的网络备份、同步和分享。该网盘支持上传下载百度云端各类数据，目前提供计算机客户端、移动端、Web端三种平台支持。为广大用户提供覆盖多终端的跨平台免费数据共享服务，节约大量的开发成本。与传统的存储方式及其他的云存储产品相比，百度网盘的在线浏览功能、离线下载功能等，则突破了"存储"的单一理念，能够实现文档、音视频、图片在Web端预览，而且能够自动分类。

4.4.2 百度网盘的使用

下面以百度网盘计算机客户端为例介绍其具体的使用方法。

1. 使用百度网盘备份及下载文件

百度网盘需要到其官网下载并安装客户端，才能更好地实现上传、下载等功能。安装后需要登录用户的百度账户。下面介绍使用百度网盘备份文件的操作。

步骤01 启动百度网盘客户端，创建并进入备份文件夹中，通过拖曳的方式，将需要备份的文件拖动到百度网盘主界面中进行上传，如图4-41所示。

步骤02 上传完毕，可以查看网盘中备份的文件，如图4-42所示。

图 4-41

图 4-42

步骤03 如果要下载备份的文件，可以选中文件并右击，在弹出的快捷菜单中选择"下载"选项，如图4-43所示。

步骤04 设置下载的目录后，单击"下载"按钮启动下载，如图4-44所示。

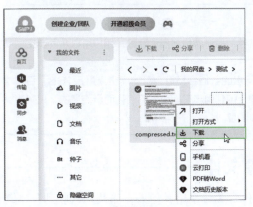

图 4-43

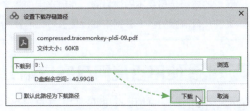

图 4-44

2. 使用百度网盘同步文件

百度网盘客户端也可以同步文件，设置好同步目录后就可同步到百度网盘。

步骤01 在主界面中单击"同步"选项卡，如图4-45所示。

步骤02 按照向导进行配置，并设置同步目录，如图4-46所示。

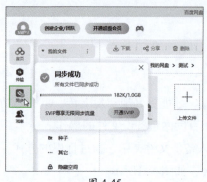
图 4-45

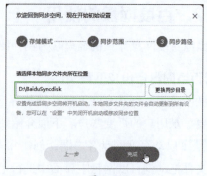
图 4-46

`步骤03` 将需要同步的文件复制到该文件夹中，如图4-47所示。

`步骤04` 百度网盘会自动将其同步到网盘中，并弹出成功提示，进入百度网盘客户端的"网盘同步空间"中，就可以看到同步的文件，如图4-48所示。

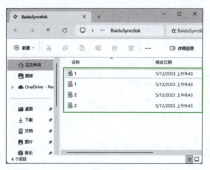
图 4-47

图 4-48

同步技巧

因为是同步，所以如果在本地或网盘上删除文件，另一端也将自动删除。用户可以从同步空间查看操作记录，还可以从回收站中恢复被删除的文件。

文件同步功能是需要消耗同步流量的，百度网盘的普通会员每个月的同步流量是1GB，百度网盘的超级会员是不限流量的。而且当用户将文件上传到同步空间里是不消耗同步流量的，只有当文件从云端服务器下载到本地计算机才会消耗同步流量。

`动手练` 使用百度网盘客户端分享文件

使用百度网盘可将自己的文件资源分享给其他人，当其他人收到分享链接后，可以随时下载。下面介绍文件分享的具体操作。

`步骤01` 在需要分享的文件上右击，在弹出的快捷菜单中选择"分享"选项，如图4-49所示。

`步骤02` 让其自动生成提取码，设置可以下载的人数及文件下载的有效期，完成后单击"创建链接"按钮，如图4-50所示。

图 4-49

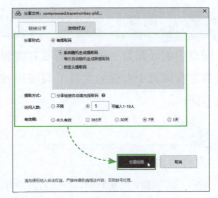
图 4-50

> **知识点拨**
>
> **分享给好友**
>
> 百度网盘也可以添加好友，通过图4-50中的"发给好友"选项卡，可直接将文件分享给好友下载。

步骤03 复制链接及提取码，或者复制二维码给其他用户，如图4-51所示。

步骤04 其他用户打开链接并输入提取码后就可以下载分享的文件了，在下载界面中可以单击"下载"按钮，如图4-52所示，也可以单击"保存到网盘"按钮来保存到自己的网盘中，即可随时下载。

图 4-51

图 4-52

步骤05 百度网盘会弹出"设置下载存储路径"对话框，设置下载的目录，如图4-53所示，接下来就可以下载了，如图4-54所示。这与使用百度网盘下载其他人的资源的操作完全相同。

图 4-53

图 4-54

4.5 文件下载软件

网盘中的资源是一种专属的私有资源，需要对应的下载器进行下载。而更加常见的就是日常在网页中看到的文件下载按钮或链接。根据不同的资源，其存储方式、下载方式也不同。

> **知识点拨**
>
> **文件资源类型**
>
> 除了百度网盘、阿里云盘这种独有资源外，常见的资源类型有如下几种。
>
> （1）HTTP、HTTPS、FTP资源。用户使用自带浏览器或者各种下载工具都可以下载。
>
> （2）P2P资源。P2P（去中心化，不存在中心服务器）也是大家互传资源的方法，在下载的同时也会上传数据给其他人。理论上，下载的人越多，下载速度就越快。如传统的BT下载、找资源更快的磁力链接以及ED2K资源等，都属于P2P资源，需要使用下载工具才能下载。

4.5.1 使用迅雷软件下载

前面介绍了使用浏览器搜索及下载的步骤，浏览器可以下载的属于HTTP、HTTPS或FTP资源，如果要下载BT、磁力链接或者ED2K资源则需要使用专用的下载工具，而迅雷软件就可以完成这项工作。用户可以到迅雷官网下载与安装迅雷软件，如图4-55、图4-56所示。

图 4-55

图 4-56

步骤01 安装好以后启动迅雷，此时打开浏览器，会提示安装迅雷浏览器的插件，单击"打开扩展"按钮，如图4-57所示。

步骤02 用户打开下载页面，复制下载链接或者单击下载链接，如图4-58所示。

图 4-57

图 4-58

步骤03 浏览器会弹出下载对话框，选择下载的内容和下载的位置，单击"立即下载"按钮，如图4-59所示。软件就会启动下载，并显示下载进度和实时速度，如图4-60所示。

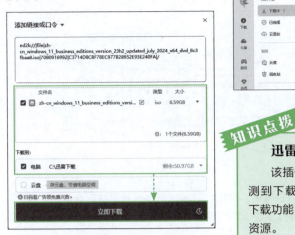

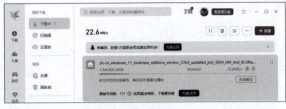

图 4-60

> **知识点拨**
>
> **迅雷扩展插件的作用**
>
> 该插件的作用是让迅雷可以监控浏览器，当探测到下载链接后，会自动启动迅雷接管浏览器的下载功能（主要是HTTP等资源），来下载网页中的资源。

图 4-59

4.5.2 使用IDM软件下载

除了使用浏览器下载HTTP等类型的网页资源外，也可以使用第三方的软件进行下载，下载速度较快且口碑较好的，就是IDM软件。Internet Download Manager简称IDM，是一款Windows系统中的专业下载加速工具，IDM下载器支持多种类型的文件下载，并能完美恢复各种中断的下载任务。IDM可以通过分段下载和多线程下载技术来加速下载速度，支持断点续传，可以在下载出现问题或者中断的情况下，能够从上次停止的位置继续下载。对于使用浏览器下载文件经常遇到的弹出下载框不能直接下载等问题，IDM可以通过自动捕获下载请求，使下载过程更加便捷和自动化。IDM还支持队列功能，可以让用户更方便地管理下载任务。用户可以在IDM官网中下载该软件的试用版，如图4-61所示。安装该软件后再打开浏览器，同样会弹出IDM的浏览器插件安装提示，同样安装该扩展插件，如图4-62所示。下面介绍使用IDM下载的具体步骤。

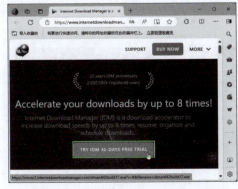

图 4-61

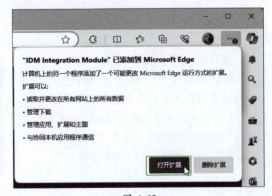

图 4-62

步骤01 进入普通的下载界面中，单击下载链接，如图4-63所示。

步骤02 IDM自动启动并弹出下载对话框，设置下载的位置及名称后，单击"开始下载"按钮，如图4-64所示。

图 4-63

图 4-64

注意事项 下载后的合并

IDM下载资源快，与其下载的方式和原理有关。在IDM分段进行多线程下载后会自动整合文件，所以在大文件下载完成后会自动启动合并，用户稍等即可。

动手练 开启浏览器多线程下载

浏览器也可以支持多线程下载，多线程下载需要文件服务器支持。很多文件在服务器上并不是一个整体，而是分段进行存放，下载工具可以同时下载多个分段，这样就能提高下载效率。但考虑到有些网站不支持多线程下载，很多浏览器默认使用的是单线程下载，用户可手动开启浏览器的多线程下载支持，这里以Edge为例介绍开启方法。

打开Edge浏览器，在地址栏中输入"edge://flags/"，在弹出的界面中，通过搜索框搜索downloading，在搜索结果中找到Parallel downloading选项，将Default改为Enabled，单击"重启"按钮即可，如图4-65所示。

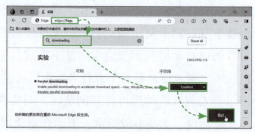
图 4-65

知识点拨

使用IDM嗅探视频资源

除了文件外，IDM还可以嗅探视频，有些视频如果支持下载，在播放过程中，会弹出IDM的下载快捷按钮，鼠标指针悬停在按钮处可显示视频文件的大小，如图4-66所示，单击后会启动下载对话框进行视频的下载。

图 4-66

知识延伸：Windows BitLocker加密工具的使用

Windows BitLocker驱动器加密通过加密Windows操作系统卷上存储的所有数据，可以更好地保护计算机中的数据。BitLocker帮助保护Windows 操作系统和用户数据，并帮助确保计算机即使在无人参与、丢失或被盗的情况下也不会被篡改。

也就是说使用了BitLocker后，即使进入PE中，也无法访问加密后的资源。但是用户一定要保存好加密的密钥文件，否则无法通过其他手段进行破解及找回资源。

在安装好操作系统后，搜索并进入BitLocker的管理界面，这里可以启用该功能，如图4-67所示。可以将48位的加密密钥保存到微软账户、U盘、文件等，如图4-68所示。这样分区中的所有文件就被加密了，非常安全，正常使用也是无感的。

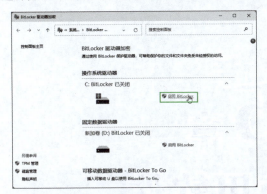

图 4-67　　　　　　　　　　　图 4-68

如果分区被BitLocker锁住，且忘记密码或密码文件丢失，可以到微软账户查看，如图4-69所示。

图 4-69

如果用户被默认进行加密，可以到配置界面关闭该功能，如图4-70所示。该加密即使进入了PE环境，如果不知道密钥也是无法访问的，如图4-71所示。

图 4-70　　　　　　　　　　　图 4-71

注意，BitLocker加密适合有一定基础，且特别需要文件保护的人群使用。普通用户或者不使用该功能的用户，建议关闭该功能，以免遗忘密钥；进而造成数据的丢失。

第5章
网络应用软件

　　随着互联网的发展，计算机已成为重要的网络终端，涌现出大量网络应用。大多数应用软件为互联网客户端程序，需要网络支持才能发挥功能。用户需求各异，但通常会使用网页浏览器和即时通信软件；远程办公用户还会使用远程管理软件，企业用户则常用电子邮件。本章介绍常见的互联网应用软件及其使用方法和操作技巧。

5.1 网页浏览器

网站由各种网页组成,通过浏览网页,人们可以获取及发布各种有用的信息、搜索及下载各种需要的软件、观看在线视频、使用各种在线工具、上传及下载各种资料等。网页浏览器就是访问Web服务器的主要工具。Windows 10自带的浏览器是Edge浏览器,其内核是Chromium,和谷歌浏览器Chrome一致。除了Edge浏览器,常见的、口碑比较好的还有谷歌浏览器、火狐浏览器、QQ浏览器、360浏览器等。不同浏览器的特点各不相同,用户可以根据需要选择并使用。接下来将介绍Edge浏览器和QQ浏览器的操作方法。

5.1.1 Edge浏览器的使用

随着Windows 10的出现,默认浏览器也变成了Edge浏览器。Edge浏览器的功能非常强大,接下来介绍其基本使用方法。

1. 浏览网页

浏览器的主要功能是浏览网页和下载资源。

步骤01 双击Edge浏览器图标,启动后在地址栏输入要访问的网站域名,如图5-1所示。

步骤02 按回车键后,浏览器会打开网站的主页,如图5-2所示。

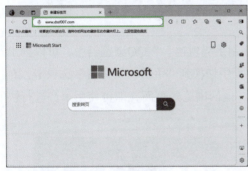

图 5-1

图 5-2

2. 收藏网页及查看收藏

用户可以将常用网站收藏在浏览器中。当下次浏览时,无须输入域名,直接单击收藏夹中的网站链接图标即可打开该网站。

步骤01 打开网站,在地址栏中单击"收藏"按钮,如图5-3所示。

步骤02 在对话框中设置好名称以及保存位置,单击"完成"按钮,如图5-4所示。

步骤03 添加完毕,在页面上方的收藏夹栏中会出现保存的网页快捷方式,单击该快捷方式可以快速启动该网页,如图5-5所示。

步骤04 在浏览器的菜单中启动收藏夹,在这里可以管理收藏的网页,如图5-6所示。

图 5-3

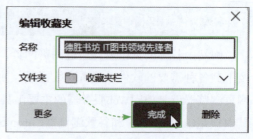

图 5-4

图 5-5

图 5-6

5.1.2 QQ浏览器的使用

QQ浏览器是腾讯科技（深圳）有限公司开发的一款浏览器，采用Chrome内核+IE双内核，使浏览快速稳定，避免卡顿，完美支持HTML 5和各种新的Web标准。它同时可以安装众多Chrome的拓展，支持QQ快捷登录，登录后可以同步收藏夹、设置等内容。

1. 使用 QQ 浏览器的手势操作

鼠标的手势是按住鼠标左键进行拖曳，绘制手势轨迹。在QQ浏览器中，可以画出对应手势来快速执行某项功能。在"设置"界面中切换到"手势与快捷键"选项卡，在其中可查看手势与执行的动作，如图5-7所示。返回浏览器页面，即可使用手势进行快速操作，如图5-8所示。

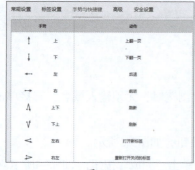

图 5-7

图 5-8

2. 设置默认主页

默认主页就是打开浏览器后显示的界面，可以将一些网页作为主页，打开浏览器就可以访问。QQ浏览器会将自己的上网导航设置为主页，如果用户想修改为自己需要的页面，可以按照下面的操作进行设置。

步骤01 在主界面中单击右上角的"菜单"按钮，在下拉列表中单击"设置"按钮，如图5-9所示。

步骤02 在"启动时打开"选项组中单击"主页"单选按钮，单击"设置"链接，如图5-10所示。

步骤03 默认主页是上网导航，单击"自定义网站"单选按钮，输入需要设置为主页的网页域名，单击"确定"按钮，如图5-11所示。

图 5-9

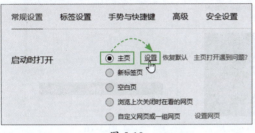

图 5-10

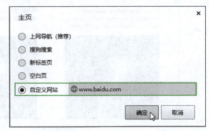

图 5-11

> **知识点拨**
>
> **设置新建标签页的主页**
>
> 现在的浏览器都支持打开多个标签页，默认进入到导航页面，用户可以在图5-10中切换到"标签设置"，设置"新建标签页时的显示"为"自定义网页"，单击"设置网页"链接，如图5-12所示，输入域名即可。
>
>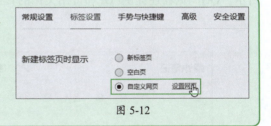
>
> 图 5-12

3. 同步功能

通过QQ账号可以上传浏览器配置信息，并在登录该QQ的多台终端设备中同步设置，主要包括界面、书签、插件、浏览器主页设置等信息。单击界面右上角的"账号及个人中心"按钮（图5-13），在弹出的页面中通过QQ或微信扫码登录（图5-14），即可同步各种数据。

图 5-13

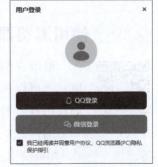

图 5-14

> **知识点拨**
>
> **快速打开上一次关闭的网页**
>
> 可以使用Ctrl+Shift+T快捷键快速恢复上一个关闭的网页。可以连续使用，按顺序恢复最近关闭的网页。

4. 特色功能

QQ浏览器除了可以正常地进行网页浏览、下载资源外，还可以对英文网页进行翻译，如图5-15所示。另外，QQ浏览器还支持手机模式，通过安装应用宝，可以模拟安卓手机中的各种App，在浏览网页时使用App的各种功能，如图5-16所示。

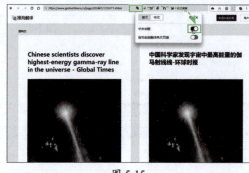

图 5-15

图 5-16

可以打开浏览器的"记事本"功能，记录重要的信息，保存重要的图片等，如图5-17所示。QQ浏览器还提供PDF和常用文档的转换功能，如图5-18所示。

图 5-17

图 5-18

动手练 使用浏览器的AI助手

单击"AI助手"按钮，如图5-19所示，可以和AI对话，帮助用户总结阅读内容、回答阅读中遇到的问题、提供用户想知道的信息、调用一些文件处理工具等。用户登录后即可使用，如图5-20所示。

在这里用户可以向AI提问，如图5-21所示。如果用户打开了某个文章的网页，就可以使用QQ浏览器的AI助手总结文章的内容，如图5-22所示。

图 5-19

  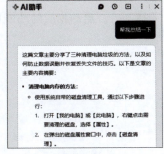

图 5-20　　　　　　　　图 5-21　　　　　　　　图 5-22

5.2 即时通信软件

简单来说，即时通信软件就是一种通过网络进行实时沟通的工具，它允许两个人或更多人使用网络即时传递文字消息、文件、语音和视频。随着网络沟通渠道的丰富，即时通信软件也层出不穷，目前常用的即时通信软件为QQ、微信。

5.2.1 腾讯QQ

QQ是腾讯QQ的简称，目前已经覆盖多种主流平台。QQ支持在线聊天、视频通话、点对点断点续传文件、共享文件、网络硬盘、自定义面板、QQ邮箱等多种功能，并可与多种通信终端相连。因为QQ新架构版本还不太普及，这里使用传统架构的QQ进行介绍。

1. QQ 发送信息技巧

在进入聊天界面时，用户可以设置文本内容的格式，例如字体、字号、气泡等，如图5-23所示。

在输入一些特定的文字内容后，系统会自动生成表情图片或动图，选择表情即可将其发送，如图5-24所示。

 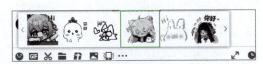

图 5-23　　　　　　　　　　　　　　图 5-24

2. QQ 发送文件技巧

QQ可发送在线或离线文件，还可以发送一些微云文件（图5-25），以及在线文档（图5-26）。启动相应的功能后，再选择所需文件即可。在线文档支持多人协作。

图 5-25

图 5-26

3. QQ 截图及编辑技巧

利用QQ可以进行快速截图，同时能够对截取的图片进行必要的编辑操作。

启动QQ软件后，使用Ctrl+Alt+A组合键即可启动QQ截图功能，系统将自动识别界面窗口进行截图。当然，也可以手动截取局部图，如图5-27所示。

画面截取完成后，可使用QQ工具栏上的编辑功能为图片进行简单编辑，如，添加注释、序号等，如图5-28所示。此外，该软件还有撤销、截取长图、屏幕识图等功能。

图 5-27

图 5-28

4. QQ 群线上课堂功能

线上课堂作为网络教学方式，已经被广泛接受。QQ也有线上课堂，在QQ群中启动线上课堂，将学生邀请进群后，即可通过线上课堂，以分享屏幕或PPT展示的形式进行教学。此外，QQ还可通过播放教学视频、在线直播等更为复杂的操作模式进行教学。图5-29所示是播放视频；图5-30所示是直播间模式的设置。

图 5-29

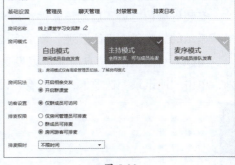
图 5-30

5. 远程协助功能

当计算机出现问题，而自己无法处理时，可以使用"远程协助"功能让好友协助处理。好友通过系统发出的求助信息来控制本机，如图5-31所示。如果想利用公司计算机来控制家里的计算机，可以在这两台计算机上分别登录两个账号（两个账号要互为好友），然后在"设置"中创建自动接受好友远程桌面请求，设置好密码后，就可以随时手动连接并操控了，如图5-32所示。需要注意的是，两台计算机均为运行状态才可操作。

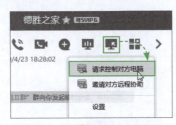
图 5-31

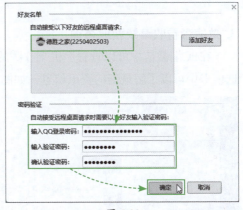
图 5-32

5.2.2 微信

手机微信很多人都会使用。相对于手机微信，PC端微信可以实现的功能更多，使用也更加方便，是办公一族的必备技能。下面介绍PC端微信的使用方法。

1. PC 端微信的下载安装

进入微信官方下载页面，启动下载操作，如图5-33所示。下载完成后，即可进行相关安装操作，如图5-34所示。

图 5-33

图 5-34

2. 使用PC端微信发送信息

安装好微信之后，启动该软件，用户只需使用手机微信中的"扫一扫"功能，扫描屏幕显示的二维码，确认登录。登录完成后进入聊天主界面，在此可以发送相关信息。

与QQ一样，在发信息时，可以发送表情、文件、图片等内容，如图5-35所示。此外，单击"通讯录"选项卡，可查看并设置联系人信息等操作，如图5-36所示。

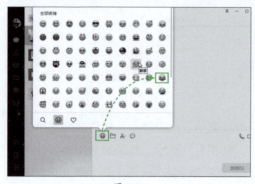

图5-35　　　　　　　　　　　　图5-36

3. 微信查看收藏及获取咨询

在PC端微信中可以查看手机端收藏的消息、推文等，如图5-37所示。在"看一看"选项卡中可以了解最新的资讯信息，如图5-38所示。

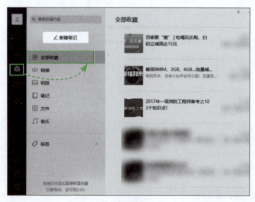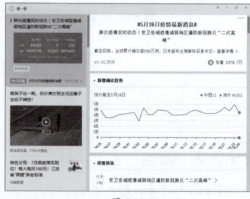

图5-37　　　　　　　　　　　　图5-38

4. 微信传输文件

在主界面中选择好友，将文件拖入聊天窗口中，单击"发送"按钮，即可将文件传输给对方。用户还可以将文件发送到自己手机的微信中。在好友列表中选择"文件传输助手"选项，并将文件拖至该窗口，单击"发送"按钮，此时手机微信中即可接收到相关文件，如图5-39所示。在"微信文件"选项卡中可以查看文件传递的一些信息内容，例如，最近发送的文件、发送的文件类型、发送者等，如图5-40所示。

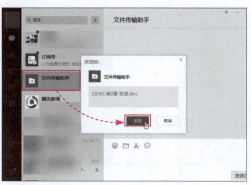

图 5-39　　　　　　　　　　　图 5-40

5. 使用微信小程序

在微信主界面中单击"小程序"选项卡，无须安装即可使用，非常方便，如图5-41所示。在列表中单击小程序，操作与手机端操作相同，如图5-42所示。

图 5-41　　　　　　　　　　　图 5-42

动手练　使用内网通实现局域网共享

内网通是一款便捷的内网通信软件，类似于QQ、微信，但无须连接外网，无须注册，方便快捷。这款软件可以方便地实现内网用户沟通，帮助企业、学校等更快地建立内网办公沟通平台，既安全又免受外网干扰，是一款非常强大的通信软件。

步骤01 下载并安装该软件，启动后在主界面中单击用户头像，进入编辑状态，如图5-43所示。

步骤02 在对话框中按照类别填写个人信息，以方便他人识别，完成后单击"保存"按钮，如图5-44所示。如果此时其他用户上线，则可以在软件主界面中看到其他用户的信息。

图 5-43　　　　　　　　　图 5-44

内网通作为一款局域网通信软件，除了共享外，可以和QQ及微信一样与局域网中的其他人员进行交流，可以发送文字、表情、图片、截图，发送文件或文件夹，震屏等，如图5-45所示；还可以进行远程协助，如图5-46所示。此外，该软件还支持创建群聊、群发功能、共享文件夹及文件等，非常方便。

图 5-45　　　　　　　　　图 5-46

5.3 远程管理软件

远程管理软件的作用是管理远程的计算机等终端设备。5.2节介绍的QQ远程管理就是通过QQ来远程管理计算机。本节将向用户介绍一款实用性很强的远程管理软件——向日葵。该软件以强大的功能、流畅的速度、清晰的画质以及稳定性，逐渐成为了远程管理软件的代表。

5.3.1 认识向日葵远程控制软件

向日葵远程控制软件是一款功能强大的远程管理控制软件，可以帮助用户随时随地远程访问和控制其计算机、手机等设备。无论身处何地，只要有网络连接，就能轻松地进行远程办公、远程协助、远程监控等操作。其主要功能有：远程桌面控制、远程协助、远程开机、远程监控、文件传输、远程打印、多平台支持等。其主要优势有：易于使用、安全可靠、功能丰富、稳定性高。除了远程办公外，也可以远程管理一些服务器。下面介绍其使用方法。

5.3.2 下载与安装向日葵远程控制软件

向日葵远程控制软件有很多版本，个人使用，可以在官网的"个人版"选项卡中下载"向日葵 for Windows"版本，如图5-47所示，其他平台可根据需要下载。如果是企业用户，可以在"企业版"选项卡中下载企业版，如图5-48所示。

图 5-47

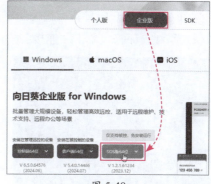

图 5-48

下载完毕后，双击安装包启动安装，和其他软件一样，在向导中设置安装位置，启动安装即可。安装完毕后，就可以被其他向日葵客户端远程控制了，如图5-49所示。如果要控制其他设备，需要进行注册并登录才可以，如图5-50所示。

图 5-49

图 5-50

知识点拨

SOS版

在企业版的客户端中可以看到一个"SOS版64位"，如图5-48所示。该版本是绿色版本，仅作为被控端使用，无法控制别的主机。但该版本体积小、无须安装，用户在仅需要别人帮助时可以下载此版本，使用方便。如果想远程管理其他设备，协助其他人，就需要下载正常的版本。

5.3.3 使用向日葵远程控制软件

向日葵远程控制软件的主要功能是协助与被协助，另外还可以登录并添加自己的设备，来进行无人值守的远程登录，对于远程办公和服务器管理非常有用。

1. 远程控制的使用

安装完毕后,向日葵会为每台设备分配一个识别码,用来确定设备,通过识别码和临时密码就可以远程控制该设备。

步骤01 单击并打开向日葵远程控制软件的主界面,打开"今日验证码",查看验证码内容,如图5-51所示。记录本设备的识别码和验证码,发送给对方即可。

步骤02 在主控端打开向日葵远程控制客户端软件,在"远程控制设备"中输入被控端的设备识别码和验证码,单击"连接"按钮,如图5-52所示。

图 5-51 图 5-52

步骤03 如果设备识别码和验证码正确,则可远程控制其桌面环境,如图5-53所示。

图 5-53

知识点拨

其他验证方式

主控端在连接时也可以只输入设备ID,连接时根据要求输入验证码,或者请被控方手动同意,如图5-54所示。

图 5-54

2. 远程协助的配置

在连接后，可以从菜单栏设置一些常见的远程参数，如设置分辨率、远程模式等，如图5-55所示。可以远程传输文件，如图5-56所示。

图 5-55

图 5-56

远程映射文件夹可以当作本地资源来使用，还可以语音通话、白板演示以及文字聊天等。如果要结束远程控制，关掉该窗口即可。

3. 设置固定密码

在进行远程协助时，为了安全，需要使用验证码，这种验证码属于临时密码，在一定时间内有效，比如默认为一天，还可设置成单次验证码或长期验证码。这样方便有些用户反复远程控制的情况。如果要设置成固定的密码，可按照下面的步骤进行设置。

步骤01 在被控端打开并登录向日葵远程控制软件，会自动将本设备加入用户的设备列表中，如图5-57所示。

步骤02 返回"远程协助"选项卡，显示今日验证码，单击验证码后的"修改"按钮，选择"自定义验证码"选项，如图5-58所示。

图 5-57

图 5-58

步骤03 修改验证码为固定的密码，如图5-59所示。

步骤04 单击"今日验证码"下拉按钮，选择"长期验证码"选项，如图5-60所示。

这样就设置了固定的验证码，适合同一主动端需要多日、多次协助，且无须被控端有人值守的情况。

图 5-59　　　　　　　　　图 5-60

4. 配置无人值守远程控制

如果是自己的多台设备在不同位置分布，且没有其他人帮助，可以配置成无人值守模式，这样随时随地都可以远程控制目标设备。

步骤01 单击受控端右上角的"菜单"按钮，在下拉列表中选择"设置"选项，如图5-61所示。

步骤02 切换到"安全"选项卡，勾选"访问密码"复选框，设置访问密码，单击"保存"按钮，如图5-62所示。

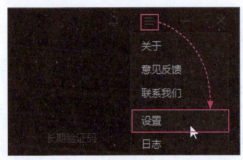

图 5-61　　　　　　　　　图 5-62

接下来就可以使用设备识别码，或者直接在设备列表中找到并双击该设备，就可以使用访问密码进行连接了。

知识点拨

多种验证模式

默认使用受控端的账号密码进行验证，设置了访问密码后，两者都可以使用，也可以取消勾选"使用本机系统登录用户名与密码"，只使用访问密码更加便捷。为了安全起见，在下方的选项里还可设置使用验证码并需要受控端手动许可，以及验证码的刷新方式。用户可根据需要选择并设置。

动手练　使用ToDesk进行远程控制

对于远程协助来说，建议读者至少安装2个，以便互为备份。常见的远程控制软件除了向日葵远程控制软件，还有很多，如TeamViewer，稳定可靠，但限制较多。与向日葵远程控制软件类似的还有ToDesk，虽然也开始对免费用户有了限制，但作为远程桌面的备份软件还是非常合适的。下面介绍ToDesk的使用。

ToDesk与向日葵远程控制软件使用方法比较类似，也有受控端，主控端也支持各种平台，用户需要下载安装，并且登录才能控制其他设备。在主界面中可以看到设备代码和临时密码，可以设置自定义临时密码（永久密码），也可以设置临时密码的更新频率，如图5-63所示。

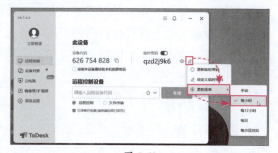

图 5-63

在主控端使用设备代码和密码就可以连接，如图5-64所示。单击悬浮球，可以设置远程模式、屏幕分辨率、显示质量、与被控端互动等内容，如图5-65所示。

图 5-64

图 5-65

如果要使用ToDesk的无人值守功能，可以进入"高级设置"板块，在"安全设置"选项卡中选择使用哪种密码，如临时密码和安全密码都使用，可以选择对应的选项，单击"修改"按钮，输入安全密码，单击"确定"按钮，完成修改，如图5-66所示。在连接时使用临时密码或刚设置的安全密码都可以登录系统，如图5-67所示。

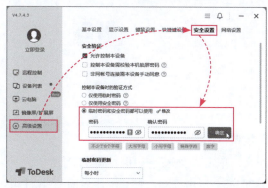

图 5-66

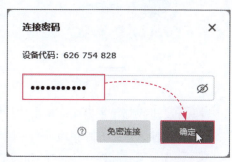

图 5-67

5.4 电子邮件

利用电子邮件，用户可以布置任务、下达通知、发送重要文件等。随着网络技术不断发展，目前的电子邮件可以将网页版邮件与客户端邮件联合起来使用，让职场人士能够更加便捷高效地接收和执行各种任务。

5.4.1 认识电子邮件

电子邮件是一种用电子手段提供信息交换的通信方式，通过电子邮件系统，用户可以以非常低廉的价格、非常快速的方式，与世界上任何一个角落的网络用户联系。电子邮件可以是文字、图像、声音等多种形式。同时，用户可以得到大量免费的新闻、专题邮件，并轻松实现信息搜索。电子邮件的存在极大地方便了人与人之间的沟通与交流，促进了社会的发展。

但随着网络应用的发展，电子邮件的作用和短信一样，逐渐被各种即时通信软件所取代。现在电子邮件的主要作用有注册各种网站的用户、接收验证信息、接收官方的一些信息、用于工作中的正式领域（主要作用是留档）。

5.4.2 使用QQ邮箱收发邮件

电子邮件的客户端有很多，主要用来接收、提醒和发送电子邮件。比如操作系统自带的"邮件"、第三方的各邮件平台的客户端、综合型接收客户端，如Foxmail、DM pro等。普通用户一般使用网页版的电子邮件管理界面，如常见的QQ邮箱，注册QQ后即可获取一个电子邮箱。通过QQ以及微信，都可以接收到邮件的到达提醒，非常方便。

步骤01 单击QQ客户端的"邮箱"按钮，可快速登录邮箱，如图5-68所示。也可以在浏览器中输入"mail.qq.com"，扫码登录QQ邮箱，如图5-69所示。

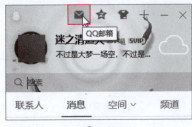

图 5-68

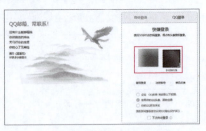

图 5-69

步骤02 进入邮箱主界面，单击"写信"按钮，如图5-70所示。

步骤03 输入接收方邮箱地址、主题和正文，单击"发送"按钮，如图5-71所示。

步骤04 如果有邮件到达，QQ和绑定的微信都会给出提醒，打开邮箱界面，"收件箱"会有新邮件提醒，如图5-72所示。

步骤05 打开并查看邮件内容，可看到刚才发送的测试邮件，如图5-73所示。

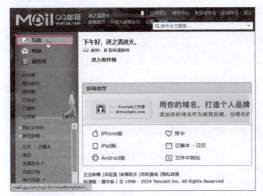
图 5-70

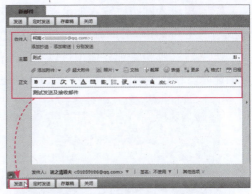
图 5-71

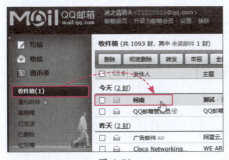
图 5-72

图 5-73

阅读完毕后,可以直接单击"回复"按钮来快速回复。

> **知识点拨**
>
> **为邮件添加附件**
>
> 有些情况下,不仅要给对方发送文字信息,还可能发送一些视频、音频、文档等文件。可以在发送邮件的界面中单击"添加附件"按钮,如图5-74所示,选择要添加的文件,即可将附件上传并随邮件一起发送给对方。对方查看邮件时,可以单击该附件进行下载。
>
>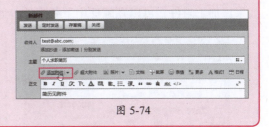
> 图 5-74

动手练 临时邮箱的使用

在使用邮箱时,如果不想暴露自己的隐私,或者注册一些网站进行测试使用,而不想使用自己的工作或生活邮箱,可以使用网络中一些临时邮箱来进行邮件的收发。这种临时邮箱一般都是一次性的,一定时间后会自动注销,且无须担心安全问题。下面介绍这种临时邮箱的使用方法。一般临时邮箱只有接收邮件的功能,这里以moakt邮箱为例,它不仅可以接收邮件,还可以发送邮件。

步骤01 进入网站后输入邮箱主名称，并选择服务器的域名，单击"创建"按钮◎，就成功创建了该用户名的邮箱，如图5-75所示。

步骤02 在邮箱管理界面中可以看到邮箱地址，可以复制使用。默认该邮箱将于1小时后删除。在这里单击"撰写"按钮来创建邮件，如图5-76所示。

图 5-75　　　　　　　　　　　图 5-76

步骤03 设置发送到的邮箱地址、主题（界面显示为"学科"）、邮件内容，在左下角进行人机身份验证，完成后单击"发送"按钮，如图5-77所示。发送完成会有成功提示。

步骤04 打开发送到的邮箱可以看到该邮件，如图5-78所示。

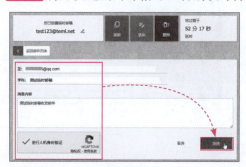 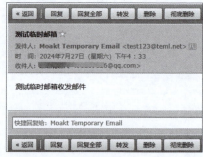

图 5-77　　　　　　　　　　　图 5-78

步骤05 直接回复该邮件后返回临时邮箱界面，就可以看到该邮件，如图5-79所示。如果添加了附件，可以在邮件中下载附件，如图5-80所示。

图 5-79　　　　　　　　　　　图 5-80

使用技巧

如果没有收到邮件，可以刷新列表。如果临时邮箱即将过期，可以进行延时。

知识延伸：浏览器插件的使用

在介绍下载工具使用时安装了下载工具，浏览器会自动安装插件，以便下载工具可以监控网页，这就是插件的作用之一。其实不同的插件实现的功能不同，如可以增强浏览器的功能、提升浏览器的安全性、提高浏览器的工作效率等。下面以Edge浏览器为例，介绍一些常见的浏览器插件的使用方法。

1. 搜索并安装插件

浏览器的插件可以到官方网站搜索与下载，也可以到第三方网站下载。

步骤01 打开浏览器，单击"扩展"按钮 ，可以从列表中看到所安装的插件，选择"获取Microsoft Edge扩展"，如图5-81所示。

步骤02 进入插件市场，在搜索框中输入需要搜索的插件名称，这里输入"沉浸式翻译"，按回车键启动搜索，从搜索结果中找到所需插件，单击"获取"按钮，如图5-82所示。

图 5-81

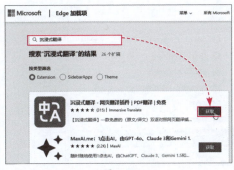

图 5-82

步骤03 随后弹出添加对话框，单击"添加扩展"按钮，如图5-83所示。

步骤04 Edge会自动下载并安装该扩展，安装完毕，按照提示进行设置，如图5-84所示。

图 5-83

图 5-84

2. 使用扩展插件

不同的扩展插件使用方法各不相同，用户可以到插件的主页或设置中查看具体的使用方法。如本地的沉浸式翻译，在安装了该插件后，会在页面右下方弹出快捷翻译悬浮框。用户打开某英文网页后，单击该悬浮框，如图5-85所示，即可将英文翻译为中文，且可以做到中英对照，如图5-86所示。

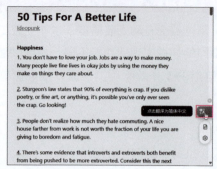

图 5-85

图 5-86

3. 停用及卸载插件

如果不使用插件了，可以单击"扩展"按钮，从列表中选择"管理扩展"选项，如图5-87所示，进入扩展列表中，可以在这里关闭或者删除扩展插件，如图5-88所示。

图 5-87

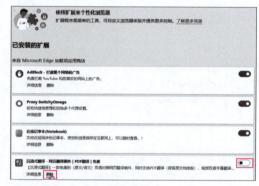

图 5-88

4. 其他常用的扩展插件

扩展插件的种类非常多，除了下载工具监视网页的扩展插件、翻译的扩展插件，还有屏蔽广告的插件、多浏览器同步收藏夹的插件（图5-89）、同步记事本插件、无须打开即可以大图方式查看图片的插件（图5-90）、提高下载速度的插件、优化网页显示的插件等。

图 5-89

图 5-90

第6章
影音休闲软件

　　计算机不仅是人工作的得力助手，也是家庭休闲娱乐的重要工具。用户可以使用计算机查看图片和照片、观看视频以及听音乐等。本章向读者介绍如何在计算机上查看图片、播放音频和视频，以及在线观看视频的具体方法和技巧。

6.1 看图软件

要查看计算机中的图片必须有对应的看图软件。系统也自带看图软件，使用方便功能也比较全。如果要满足更复杂的要求，可以安装一些常用的第三方看图软件，比如ABC看图、ACDSee、看图啦、2345看图王等。图片的查看非常简单，但是也有很多的查看技巧。下面向读者介绍计算机看图软件的使用。

6.1.1 Windows自带的看图软件

若没有安装看图软件，用户可用系统自带的看图程序"照片"查看图片。双击要查看的图片，即可启动"照片"工具。此时图片会显示在软件窗口中，单击右下角的"全屏"按钮，可让图片全屏显示，如图6-1所示。

如图6-2所示，左上方的功能按钮区可以实现编辑、旋转、删除、打印、分享、多图片的幻灯片放映，在"更多"列表中，还包括另存图片、复制图片、设置图片为锁屏界面或桌面背景、调整图片大小、设置"照片"界面参数等内容。

图 6-1

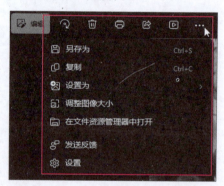

图 6-2

如图6-3所示，右下方的快捷按钮可以将图片调整为实际大小，还有自定义缩放按钮，以及全屏查看按钮。保持默认参数的情况下，可以使用鼠标滚轮来放大或缩小图片。放大后，光标变为手掌形状，可以按住并拖动来查看图片的其他信息，如图6-4所示。

图 6-3

图 6-4

在最大化情况下，可以使用键盘的左右方向键查看同一目录下的其他图片，在图片上右击，可以从弹出的快捷菜单中执行各种功能操作，如图6-5所示。如果需要修改"照片"的设置参数，可以进入"设置"界面，从中可以设置主题、鼠标滚轮的功能，如图6-6所示。

图 6-5

图 6-6

6.1.2 2345看图王

Windows自带的看图软件其实可以满足大多数用户的需求。但如果想要一款功能更全面，操作更符合国人使用习惯的看图软件，那么可以使用第三方的看图软件。使用比较多的就是2345看图王。这是一款强大的图片浏览管理软件，完整支持所有主流图片格式的浏览、管理，并可对其进行编辑；支持文件夹内的图片翻页、缩放、打印；支持GIF等多帧图片的播放与单帧保存；支持全屏查看与幻灯片查看；提供缩略图预览，可一次预览当前目录下所有图片。

用户可以通过官网下载该软件，如图6-7所示。下载完毕，启动安装程序，单击"一键安装"按钮进行软件安装，如图6-8所示。安装结束，取消勾选"安装其他软件"的复选框。下面介绍2345看图王的一些主要功能。

图 6-7

图 6-8

使用所需程序打开文件

如果计算机中安装了多个看图软件，用户可以在图片文件上右击，在弹出的快捷菜单中选择所需软件打开图片，如图6-9所示。也可以设置某个程序为指定文件类型的默认方式，如图6-10所示。这对于其他文件也同样适用。

图 6-9

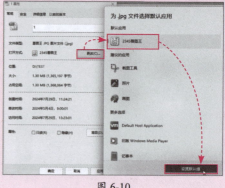

图 6-10

步骤01 安装了2345看图王后，打开图片所在文件夹，双击图片，自动使用2345看图王打开图片文件。使用滚轮时会弹出提示，用户根据使用习惯，设置滚轮的作用，完成后单击"确定"按钮，如图6-11所示。根据设置的不同，使用滚轮可以进行图像缩放，使用Ctrl键配合滚轮，还可以翻页查看同目录其他图片。

步骤02 将光标悬停到界面下方会显示各种功能按钮，如图6-12所示，包括鼠标滚轮模式（鼠标滚轮变成查看其他图片，Ctrl键配合滚轮为缩放）、图片大小适合显示窗口、放大及缩小图片、上一张或下一张图片、旋转图片、删除图片及打印图片。在"更多"按钮中，还可以设置锁定缩放比、查看缩放图、显示鸟瞰图以及对图片的一些常见美化、修改功能，可以说非常全面。

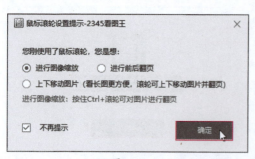

图 6-11

图 6-12

步骤03 单击右上角的"菜单"按钮，可以实现图片的批量操作，如图6-13所示。

步骤04 在"设置"中可以对软件进行更进一步的优化设置，如图6-14所示。

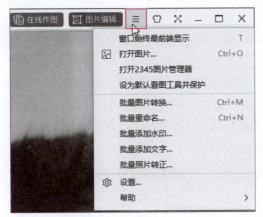

图 6-13

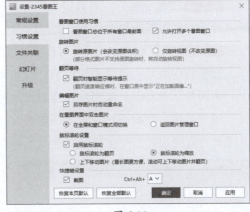

图 6-14

> **知识点拨**
>
> **快速全屏查看图片**
>
> 在浏览时，首次双击图片，即可弹出对话框，询问用户双击的目的，并将用户选择作为双击的默认值存储下来。下次可以直接双击，快速全屏查看及展示照片。
>
> 最大化后，下方的功能按钮还会多一个查看图片信息的按钮。单击后，可以查看图片的基础信息，如图片类型、大小、尺寸、修改时间等内容。

动手练 下载并使用ABC看图软件

ABC看图软件也是一个图片浏览管理软件，支持打开多种图片格式。该软件除支持查看JPG、PNG等主流图片格式，还支持RAW、PSD等图片格式；可以批量管理图片、阅读PDF格式文件；GIF、ICO、CUR、TIFF格式的图片可以多帧查看并保存；具有打印、一键瘦身、查看图片信息、地理位置等特色功能。

步骤01 搜索"ABC看图"进入其官网，单击"立即下载"按钮下载软件，如图6-15所示。

步骤02 下载完毕后双击安装包，配置安装位置，单击"立即安装"按钮进行安装，如图6-16所示。

图 6-15

图 6-16

步骤03 安装完成后，将其设为图片默认打开方式。双击图片文件，启动该软件并打开图片，其基本界面如图6-17所示。

步骤04 查看图片时，用户可在下方工具栏中单击相应的按钮，对当前图片进行操作，包括打印图片、查看图片信息、以实际尺寸显示图片、放大图片、缩小图片、查看上一张图片、查看下一张图片、逆时针旋转图片、顺时针旋转图片、删除图片、压缩图片、图片美化、收藏图片、进入图集等常用功能。图6-18所示是图片压缩操作。图片的基本查看方法和操作步骤与2345看图王基本一致。

图 6-17

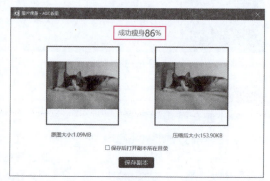

图 6-18

6.2 音频、视频文件的播放

计算机的播放软件包括音频、视频文件的播放。因为音视频文件有非常多的格式，所以选择一款支持多种常见音视频解码的播放器尤为重要。

6.2.1 PotPlayer简介

PotPlayer是一款口碑非常好的播放器。该软件体积小，支持多种音视频格式的解码，使用方便快捷，且功能非常强大，具有启动速度快、播放稳定、支持给视频添加字幕、设置个性皮肤等功能。用户可以到官网下载64位安装包，如图6-19所示，正常安装即可。建议将该软件设置为所有音视频文件的默认打开方式，如图6-20所示。

图 6-19

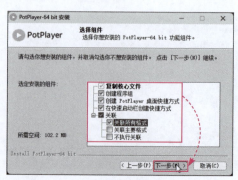

图 6-20

知识点拨

视频编码

视频编码与解码是视频处理中非常核心的两个概念。简单来说，编码是将原始视频数据压缩成更小的数据，以便于存储和传输；而解码则是将压缩后的数据还原成原始的视频画面。常见的视频编码格式有H.264/AVC、H.265/HEVC、VP9、AV1等。

6.2.2 PotPlayer的播放设置

PotPlayer的使用非常广泛，操作简单、占用系统资源少、支持的媒体格式多是其最大优势。下面介绍该软件的使用方法。

步骤01 双击需要播放的视频文件（与音频文件的操作方法相同），PotPlayer自动启动并对视频进行解码播放，如图6-21所示。

PotPlayer的播放控制界面上包括播放/暂停、停止、上一首、下一首、打开文件、播放时间/总时间、打开/隐藏播放列表、设置按钮。

步骤02 可以对默认的鼠标操作进行自定义。按F5键调出"设置"界面。在"鼠标"选项卡中可以定义鼠标的功能。单击"左键单击"下拉按钮，选择"播放|暂停"选项，如图6-22所示。

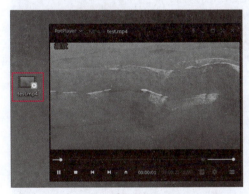

图 6-21

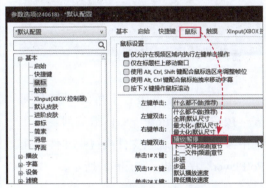

图 6-22

步骤03 按照同样的方法，将"左键双击"设置为"全屏|默认尺寸"，如图6-23所示。完成后单击"确定"按钮，退出设置界面。这样PotPlayer的操作就和大多数播放器相同了。

步骤04 PotPlayer还支持逐帧查看视频。在视频播放时暂停播放，按F键可以向后逐帧播放，按D键向前逐帧播放。这样可以找到用户需要的帧进行截图等操作，如图6-24所示。

步骤05 在视频上右击，从"字幕"级联菜单中可以调入字幕文件，并对字幕的样式进行设置，如图6-25和图6-26所示。

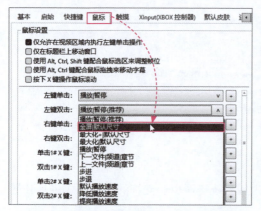

图 6-23

图 6-24

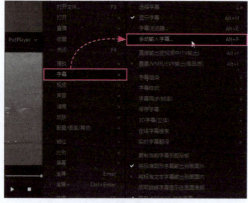

图 6-25

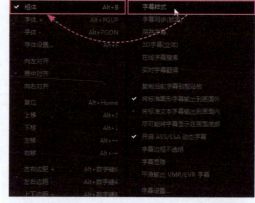

图 6-26

步骤06 单击界面右下角的"打开列表"按钮,显示PotPlayer的播放列表。在其中添加本地的音频文件或视频文件,让PotPlayer顺序播放,如图6-27所示。

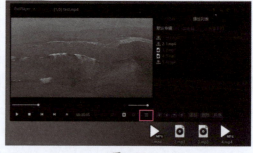

图 6-27

动手练 使用VLC播放器

VLC是一款免费、开源的跨平台多媒体播放器,可播放大多数多媒体文件,以及DVD、音频CD、VCD及各类流媒体文件。该软件支持各种字幕格式,包括SRT、ASS、SSA等,用户可以轻松加载和调整字幕。该播放器提供多种视频滤镜,允许用户调整亮度、对比度、饱和度等参数,或者添加水印、文字等效果,并且支持DLNA、UPnP等网络共享协议,可以直接在其他设备上播放媒体文件。用户可以直接在官网中下载该软件,如图6-28所示。下面介绍软件的基本使用方法。

步骤01 下载完毕,双击安装包,进行简单设置即可启动安装,如图6-29所示。

步骤02 选择视频或音频文件,双击即可启动播放,如图6-30所示。

图 6-28

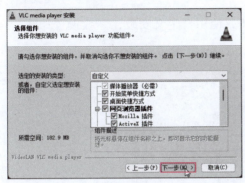

图 6-29

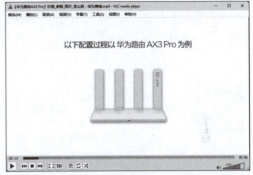

图 6-30

在播放时,下方有播放/暂停、上一个视频、停止播放、下一个视频、全屏/退出全屏、显示扩展设置、查看播放列表、循环播放、随机播放按钮,右侧按钮为音量调节滑块。用户可以在进度条上单击任意位置来跳转播放。

步骤03 单击"显示扩展设置"按钮可以设置音频效果,如图6-31所示,设置视频效果,如图6-32所示。

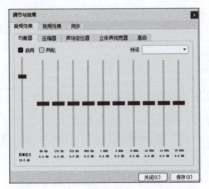

图 6-31

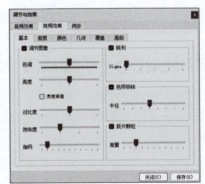

图 6-32

6.3 在线音频软件

在线听歌是目前主流的听歌模式。工作之余,人们可使用听歌软件在线收听音乐,放松自己。在线听歌的软件很多,如QQ音乐、网易云音乐等,该软件操作简单,只需联网,就能够收听各种风格的曲目。本节以QQ音乐为例,介绍在线听歌软件的使用方法。

109

6.3.1 认识QQ音乐播放器

QQ音乐播放器以优质内容为核心,以大数据与互联网技术为推动力,致力于打造"智慧声态"的"立体"泛音乐生态圈,为用户提供多元化的音乐生活体验。总之,QQ音乐在歌曲数量、音质等方面是可圈可点的。QQ音乐可以进入腾讯官方网站进行下载。

步骤01 进入QQ音乐主页面,从"客户端"下拉列表中选择"下载体验"选项进行下载,如图6-33所示。

步骤02 下载完毕,双击安装包启动安装,使用自定义安装,参数设置如图6-34所示。

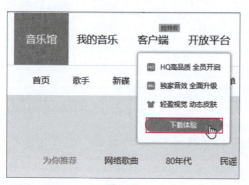

图 6-33　　　　　　　　　　　　　图 6-34

本地音频播放

QQ音乐播放器除了可以播放在线音频外,本地保存的音频文件也可以进行播放。

6.3.2 使用QQ音乐播放器

为了更好地使用QQ音乐在线听歌,建议用户注册并使用自己的账户登录。QQ音乐播放器的使用方法比较简单,双击歌曲名称即可播放。下方有播放控制按钮,和视频播放类似,包括歌曲循环模式、前一首、后一首、暂停/继续播放、调节音量大小等功能,操作非常简单。下面介绍QQ音乐播放器具体的使用技巧。

1. 搜索歌曲添加歌单

在主界面上方搜索框中输入歌名,按回车键,系统会将搜索结果显示出来,如图6-35所示。在结果列表中选择所需歌曲,双击即可试听。试听完成后右击该歌曲,在弹出的快捷菜单中选择"添加到"选项,并在级联菜单中选择用户歌单即可,如图6-36所示。需要注意的是,用户需要登录QQ音乐。

图 6-35

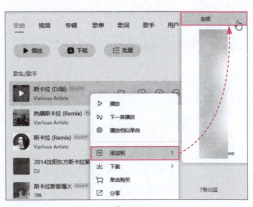
图 6-36

2. 歌词显示高级操作

默认情况下，播放歌曲时会在桌面显示相应的歌词。如果不想显示歌词，可将光标移动到歌词上，在显示的歌词管理工具栏中单击×按钮，即可关闭歌词显示，如图6-37所示。

图 6-37

动手练 创建歌单并批量添加歌曲

用户可创建一组歌单，将自己喜欢的歌曲添加至该组歌单中，以便后期收听，避免重复搜索的麻烦。

步骤01 在主界面中进入"乐馆"界面，选择喜欢的音乐项目，例如"热歌榜"，单击标题进入歌曲列表，如图6-38所示。

图 6-38

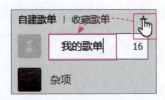
图 6-39

步骤02 单击左下方的"创建歌单"按钮+，如图6-39所示，输入歌单名称，完成创建。在"热歌榜"列表中单击"批量操作"按钮，如图6-40所示。

步骤03 批量勾选喜欢的歌曲，单击"添加"按钮，如图6-41所示。

步骤04 在打开的列表中，选择创建的歌单，如图6-42所示。

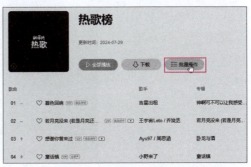
图 6-40

接下来可以选择歌单的名称，进入歌单后，正常播放就可以了。

图 6-41

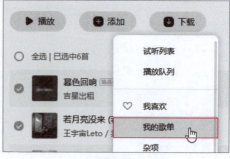

图 6-42

知识点拨

听歌识曲功能

搜索框右侧绿色的按钮就是"听歌识曲"按钮。如果其他软件正在播放歌曲，而用户又想知道歌曲名称，就可以在播放该歌曲时单击该按钮。QQ音乐播放器自动记录并且寻找曲调或歌词极为匹配的歌曲，并显示出来。用户播放测试，如果一致，此时显示的信息就是歌曲的相关信息。这就是听歌识曲的作用。

6.4 在线视频软件

常见的大型视频网站，如优酷、爱奇艺、芒果、腾讯视频等都有各自的客户端软件。下面以最常见的腾讯视频为例，向用户介绍在线视频软件的使用方法。

6.4.1 认识腾讯视频

腾讯视频是一款集热播影视、综艺娱乐、体育赛事、新闻资讯等为一体的综合视频内容平台，可通过PC端、移动端等多种形态为用户提供高清流畅的视频娱乐体验。需要下载腾讯视频PC端的用户，可以进入官方网站下载。

在官方网站中，单击右上角的"下载"按钮，单击"立即体验客户端"按钮进行下载，如图6-43所示。下载完毕，双击安装包即可启动安装，如图6-44所示。

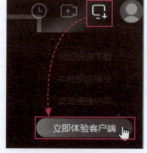

图 6-43

图 6-44

6.4.2 使用腾讯视频PC端

腾讯视频PC端可以播放网络视频，还可以播放本地视频，非常人性化。本节对该播放软件的相关操作进行介绍。

步骤01 用户在搜索栏输入内容，单击"全网搜"按钮，启动搜索，如图6-45所示。

步骤02 软件弹出播放界面，等待广告结束即可观看视频，如图6-46所示。

 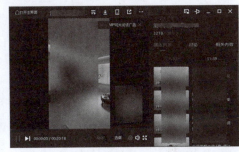

图6-45　　　　　　　　　　　图6-46

步骤03 在播放时，用户可使用下方的控制按钮来设置播放，如图6-47所示。用户可在左侧"分类"列表中选择所需的视频类别来更换视频，如图6-48所示。

 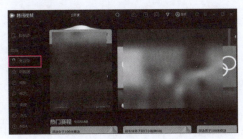

图6-47　　　　　　　　　　　图6-48

动手练　在线视频下载

腾讯视频中的视频可以下载到本地观看，但是需要使用腾讯视频播放器进行播放。

步骤01 在所需视频画面中，右击，在弹出的快捷菜单中选择"下载"选项，如图6-49所示。

步骤02 选择要下载的视频，单击"下载全部"按钮，下载即可，如图6-50所示。

图6-49　　　　　　　　　　　图6-50

知识延伸：网盘影片的观看

现在除了在线观看各种视频网站提供的视频外，很多用户也会通过各种网盘，如百度网盘、阿里云盘、夸克网盘等，保存各种视频、音频文件。通过网盘或第三方提供的客户端软件，在计算机、手机、电视、平板电脑等设备上观看各种视频文件，无须下载视频，也不用再等待广告倒计时，而且速度快。下面以阿里云盘为例介绍操作方法。

步骤01 使用计算机在阿里云盘网站下载官方的客户端软件，如图6-51所示。正常安装即可，如图6-52所示。

图 6-51

图 6-52

步骤02 注册并登录后，可以到论坛、资源发布网站去查找所需的资源，将其他人分享的资源保存到自己的阿里云盘上，如图6-53所示。

步骤03 返回到计算机端（也可以到手机端或电视端），进入保存的路径中查找保存的音视频文件。可以直接播放视频，如图6-54所示。

图 6-53

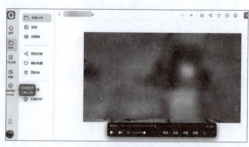

图 6-54

在播放时，可以通过功能按钮进行播放/暂停、播放下一个、调节音量大小、倍速播放、设置清晰度、加载字幕、选择剧集、画中画播放或者全屏播放操作。很多授权的第三方客户端或其他平台的客户端还有更多功能，非常简单且实用。

因为很多网盘已经开始对这种播放模式进行收费，所以重点介绍网盘播放视频的操作方法。主流的网盘基本使用该种播放模式，用户可以根据自己的情况选择平台和客户端软件来使用网盘观看影片。

第7章
数字媒体常用软件

　　数字媒体是指以数字形式表示的各种内容，包括图像、音频、视频、动画和游戏等。与传统模拟媒体（如胶片和磁带）相比，数字媒体具有更强的可复制性、可编辑性、可存储性和可传输性。数字媒体的制作依赖于专业软件，如图像处理软件和视频编辑软件。本章将介绍一些常用的数字媒体软件，帮助读者在制作数字媒体时更加得心应手。

7.1 截屏软件

QQ截屏是QQ软件自带的一项功能，简单快捷且方便。除此之外，还有其他一些专业的截屏软件，例如Snagit截屏软件。

7.1.1 认识Snagit

Snagit是一款非常强大的屏幕录制及截图软件。在截取完毕后，可以直接使用自带的编辑器，对截取的屏幕图像或视频进行自由编辑，能够满足每个人的截取需求。该软件支持全屏、窗口、滚动窗口等多种截取方式，还可以添加多种效果，如阴影、水印、相框、边框、滤镜、标题等。

使用Snagit软件，可以捕获Windows屏幕、DOS屏幕；电影、游戏画面；菜单、窗口、最后一个激活的窗口或用鼠标定义的区域；可以选择是否包括光标，添加水印；具有自动缩放、颜色减少、单色转换、抖动及转换灰度级别等功能。

7.1.2 使用Snagit截图

Snagit功能非常强大，对于新手用户比较友好。下面介绍Snagit的使用操作。

步骤01 启动软件，选择"图像"选项卡，单击"选择"下拉按钮，从中可以设置捕获的范围，这里选择"区域"选项，如图7-1所示。

步骤02 单击"效果"下拉按钮，从中可以选择截图效果，并进行功能设置。例如设置截图的分辨率，可以选择"图像分辨率"选项，如图7-2所示。

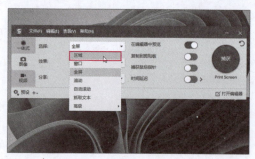

图 7-1

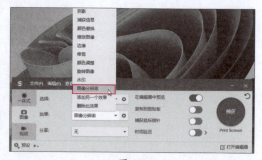

图 7-2

> **知识点拨**
>
> **可以添加的效果**
>
> 在"效果"列表中，可以为截图添加边框、滤镜、阴影等效果，并且可以添加捕获信息、替换截图颜色、缩放截图、边缘效果、修剪图片、颜色调整、旋转图片、添加水印等。选择完毕，通过"设置"可以进行个性化效果设置，创建符合需要的截图样式。

步骤03 单击其后的"设置"按钮，可以设置当前的效果参数。例如，选择"图像分辨率"选项，在打开的"分辨率"数值框中输入数值，如图7-3所示。

步骤04 用户可根据需要开启"在编辑器中预览""复制到剪贴板""捕获鼠标指针"以及"时间延时"选项，如图7-4所示。

图 7-3

图 7-4

步骤05 单击红色的"捕获"按钮，启动截图功能。屏幕变成灰色，光标出现两条辅助线，软件根据截图情况自动判断是否有符合的窗口。如果出现窗口，则自动将截图区域选定到该窗口，如图7-5所示。用户也可以手动拖曳鼠标，绘制出截图区域，通过放大镜和键盘的方向键，可以精确定位截图位置，如图7-6所示。选定截图区域后，松开鼠标完成截图操作。

图 7-5

图 7-6

步骤06 若选择"在编辑器中预览"选项，截图完成后自动启动编辑器，用户可以在这里对图片进行编辑，如图7-7所示。

步骤07 如果仅是截图，在需要粘贴的地方粘贴截图即可，如图7-8所示。

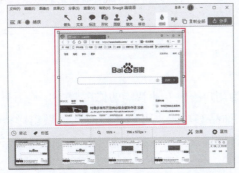

图 7-7

图 7-8

动手练 延时截图

可以在红色的"捕获"按钮下方设置捕获快捷键。但是当与快捷键产生冲突时，就无法截取所需的内容。Snagit提供了延时自动截图功能，类似于手机倒计时拍摄。提前设置时间延迟参数，软件会在一段时间后自动启动截图功能。这样，无论是否存在快捷键冲突，都可以截取用户所需的图像。具体操作方法如下。

步骤01 在主界面中开启"时间延迟"按钮，并设置倒计时的时间，如图7-9所示。

步骤02 按照正常的方法截图。此时，界面右下角出现倒计时，用户需要在倒计时内调整好所需截取画面，等待截图界面弹出即可，如图7-10所示。

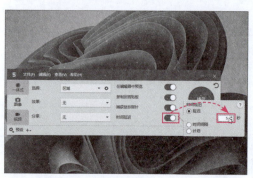

图 7-9

图 7-10

7.2 图像处理软件

图像处理软件就是对图像进行各种处理，如美化、添加特效、抠图等。在专业领域中，用户使用Photoshop、Illustrator等软件制作各种海报、宣传页。在非专业领域，用户可以选择一些便捷实用、易上手的图片处理软件来操作，如Snagit、美图秀秀等。

> **知识点拨**
>
> **美图秀秀的AI功能**
>
> 美图秀秀加入了AI功能，可以进行LOGO制作、智能消除、图片清晰、无损放大、商品设计等。

7.2.1 美图秀秀

美图秀秀是一款免费图片处理软件，为用户提供专业智能的修图服务。美图秀秀支持图片特效、美容、拼图、场景、边框、饰品等功能，可以在短时间内做出影楼级图片，还能一键分享到主流社交平台。用户可以进入官网下载PC版本，如图7-11所示。下载完成后启动安装即可，如图7-12所示。

图 7-11

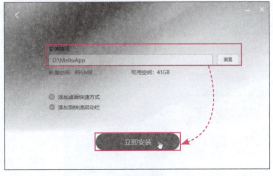

图 7-12

1. 美化图片

美图秀秀的功能非常智能化和模块化，新手用户只需要选择功能模块，就可以对图片或照片进行处理。启动软件，可以看到美图秀秀的所有功能模块。单击"图片编辑"按钮，如图7-13所示。进入"图片编辑"界面，单击"打开图片"按钮，如图7-14所示。按照提示找到并打开要处理的图片，也可以将图片直接拖入窗口。

图 7-13

图 7-14

打开图片，单击左侧的"调整"按钮，如图7-15所示。在列表中，可以调整图片的各种参数，完成后单击"保存"按钮即可，如图7-16所示。

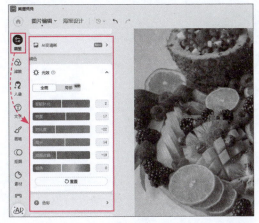

图 7-15

图 7-16

用户也可使用左侧的"滤镜"调整图片的风格，如图7-17所示。通过其他选项卡，可以修饰人物照片，还可以添加边框等，如图7-18所示。

图 7-17

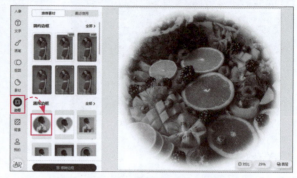
图 7-18

2. 添加特效

美图秀秀可以为图片添加文字、气泡、饰品等特效。切换到"文字"选项卡，选择文字模板，修改文字，即可为图片添加文字信息，如图7-19所示。

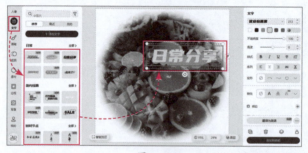
图 7-19

在"素材"选项卡中可以选择需要的贴纸放在图片中，还可对贴纸进行设置，如图7-20所示。

图 7-20

3. 快速抠图

美图秀秀自带快速抠图功能，打开图片，选择"抠图"选项卡，自动进行抠图，如图7-21所示。

图 7-21

动手练 使用美图秀秀的AI功能

美图秀秀提供了很多AI功能,且非常实用。在如图7-22所示的主界面中,选择所需功能即可。

图 7-22

1. AI 消除

图片中任何不满意的地方,用消除笔进行涂抹后,即可进行AI消除,而且消除得非常自然,如图7-23和图7-24所示。

图 7-23

图 7-24

2. AI 变清晰

有些图片或者老照片比较模糊,可以使用美图秀秀的AI变清晰功能,将一些不清晰的图片(图7-25)变成清晰的图片(图7-26)。

图 7-25

图 7-26

7.2.2 Snagit编辑器

Snagit不仅是一款截图软件,还自带图片编辑功能。用户截屏后,还可以对截取的图片进行一些必要的编辑,例如裁剪图片、添加标注等。下面介绍Snagit编辑器常用的图片编辑操作。

1. 裁剪图片

如果想要删除图片中多余的区域,可使用裁剪功能进行操作。截图完毕后,自动打开编辑器,使用鼠标拖曳图片四周的控制角点,可对图片进行裁剪,如图7-27所示。裁剪后可以查看裁剪的效果,如图7-28所示。

图 7-27

图 7-28

注意事项 找不到"剪裁"

因为功能较多,标题栏无法显示全部按钮,用户可以在"更多"下拉列表中找到其他的功能按钮。在选择功能后,右侧会显示该功能的样式列表,用户从中可以选择合适的样式进行调节。

在编辑器页面中单击"剪裁"按钮,此时会在画面中显示两条辅助虚线,使用鼠标拖曳的方法,框选出剪裁范围,如图7-29所示。框选完毕后,剪裁区域自动删除,同时将其他保留区域自然拼接在一起,如图7-30所示。

图 7-29　　　　　　　　　　　　　图 7-30

2. 添加标注

如果想要为图片添加标注，可在编辑器工具栏中选择"标注"选项，利用鼠标拖曳的方法绘制出标注图形，并输入标注内容，即可完成标注操作，如图7-31所示。

在编辑器右侧的"属性"设置窗口中，用户可以对当前标注的填充颜色、轮廓样式、形状样式、阴影以及文字格式进行设置，如图7-32所示。

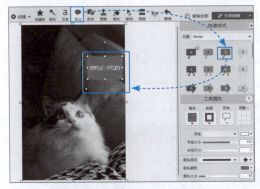

图 7-31　　　　　　　　　　　　　图 7-32

> **知识点拨**
>
> **关闭"属性"设置窗口**
>
> 　　默认情况下，属性设置窗口开启，如果用户想将其关闭，只需单击编辑器右下角"属性"按钮即可关闭。

3. 图像功能

如图7-33所示，用户可以对当前图像进行调整。选择"调整图像"选项，可以设置图像的分辨率；选择"调整画布"选项，可以调整当前图像的画布大小。在"效果"选项列表中，可以设置图片的边框、边缘样式、阴影、滤镜等效果，如图7-34所示。

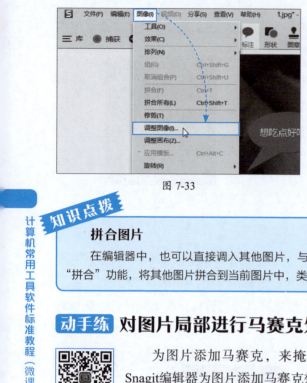
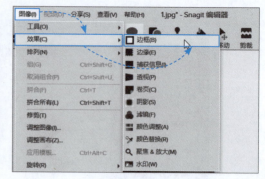

图 7-33

图 7-34

> **知识点拨**
>
> **拼合图片**
>
> 在编辑器中，也可以直接调入其他图片，与当前图片叠加。调整好位置和大小后，可以使用"拼合"功能，将其他图片拼合到当前图片中，类似于合并图层。

动手练 对图片局部进行马赛克处理

为图片添加马赛克，来掩盖一些隐私信息是常见的操作。下面利用Snagit编辑器为图片添加马赛克效果。

步骤01 利用Snagit软件打开图片，在工具栏中单击"更多"下拉按钮，从中选择"模糊"选项，并在右侧"属性"设置窗口中选择马赛克样式，如图7-35所示。

步骤02 利用鼠标拖曳的方法，框选出要处理的图片区域，如图7-36所示。

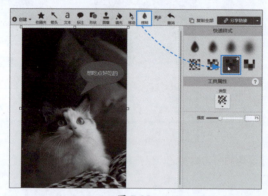

图 7-35　　　　　　　　　图 7-36

7.3　录屏软件

录屏软件就是录制屏幕内容的软件，主要用来录制游戏、视频教程等。在互联网环境中，分享的主要形式从网页文字变成了视频。录屏软件也是制作数字媒体的常用软件之一。本节向读者介绍常用录屏软件的使用方法。

7.3.1 使用Camtasia Recorder录制屏幕

Camtasia Recorder是一款非常实用的屏幕录制工具，提供捕获、视图、效果、工具、帮助等选项，为用户提供非常好的录制效果。软件的录制过程中用户可自主选择屏幕、窗口、区域等录制范围。录制完毕后，还可以使用Camtasia视频编辑软件来编辑视频。

1. 使用 Camtasia Recorder 录制屏幕

用户可以进入Camtasia官网下载该软件，如图7-37所示。下载完毕后，正常安装即可，如图7-38所示。

图 7-37

图 7-38

注意事项 找不到麦克风

在录制视频前，如果需要录制音频，需提前插入麦克风，在系统能正确识别的情况下，再启动Camtasia Recorder。启动后再插入麦克风有可能无法识别。

步骤01 安装完毕后，从"所有应用"中找到并启动该软件，如图7-39所示。

步骤02 启动后显示录制快捷工具条，默认是录制全屏。如果需要录制，单击rec按钮，如图7-40所示。

图 7-39

图 7-40

步骤03 录制开始会倒计时，让用户做好录制准备工作，如图7-41所示。

步骤04 开始录制，显示录制控制柄，如图7-42所示。

图 7-41

图 7-42

显示及功能按钮包括显示录制的时间、录制的内容、最小化按钮、重新启动按钮、暂停录制按钮以及停止录制按钮。

步骤05 单击"停止"按钮，结束录制。软件会启动视频快速编辑组件"TechSmith Camtasia"，可以在其中对视频进行简单的编辑操作，包括尺寸、布局、背景、效果和滤镜。如果录制的视频没有问题，可以单击"保存"按钮，如图7-43所示。在弹出的"保存"对话框中设置保存的名称，单击"保存"按钮即可保存，如图7-44所示。

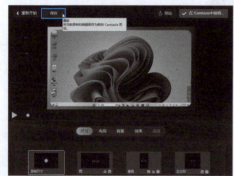
图 7-43

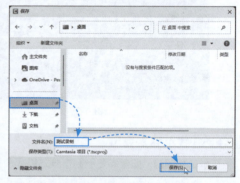
图 7-44

知识点拨

其他操作

保存为Camtasia项目文件，可使用Camtasia进行编辑。如果想直接使用，可以单击"导出"按钮，从中选择"本地文件"选项，如图7-45所示。设置保存参数后单击"导出"按钮，如图7-46所示。也可以单击"在Camtasia中编辑"按钮直接编辑。

图 7-45

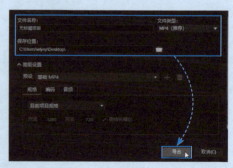
图 7-46

2. 使用 Camtasia Recorder 高级操作

录制时可以单击"屏幕1"下拉按钮，选择录制的尺寸，如图7-47所示。其他界面，通过开关按钮可以控制是否录制相机，是否录制话筒以及是否录制系统音频。通过"工具"中的"首选项"，可以设置是否倒计时，是否在录制时显示黄色边框，是否捕获Recorder，录制成功是否退出，是否编辑，如图7-48所示。其他选项卡还可以设置默认保存的位置、文件名、编码器参数及录制的快捷键等参数。

图 7-47

图 7-48

7.3.2 使用屏幕录像机录制视频

oCam也叫屏幕录像机，是一款小巧简单的免费屏幕录像工具。该软件界面简单易用，而且完全免费；编码功能强大，支持游戏录像；可录制任何区域，可选全屏模式或自定义区域截图，还能捕捉正在播放的声音。录制结束，可以直接生成MP4格式的视频。

1. 录制视频

oCam的单文件版本无须安装，使用更加方便。下面介绍该软件的使用方法。

步骤01 下载软件后，双击软件启动。在主界面中单击"录制区域"按钮，根据需要选择录制尺寸。如果列表中没有，可以选择"自定义大小"选项，如图7-49所示。单击"录制"按钮启动录制，如图7-50所示。

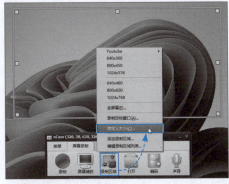

图 7-49

图 7-50

步骤02 录制过程中，可以查看当前录制时间、当前录制文件大小、剩余录制空间。可以随时暂停录制，录制完毕后单击"停止"按钮，如图7-51所示。

步骤03 单击"打开"按钮，如图7-52所示。

图 7-51

图 7-52

步骤04 在打开的文件夹中可以看到录制的视频文件，如图7-53所示。双击该文件，启动播放软件播放录制的视频，如图7-54所示。

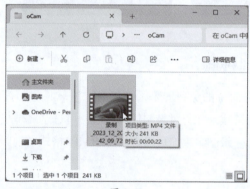

图 7-53

图 7-54

2. 设置录制参数

可以根据实际需要进行各种个性化参数的设置。

步骤01 单击"编码"按钮，设置录制时的编码方式，如图7-55所示。

步骤02 单击"声音"按钮，设置录制时的音频输入源，是否录制系统的声音，是否使用麦克风，使用哪个麦克风，如图7-56所示。

图 7-55

图 7-56

步骤03 从"菜单"选项卡中选择"选项"选项,打开高级配置界面,如图7-57所示。

步骤04 在"快捷键"选项中设置录制时的快捷键,如图7-58所示。

图 7-57

图 7-58

步骤05 在"效果"选项中设置鼠标的单击效果,如图7-59所示。

步骤06 在"水印"选项中为视频添加水印,如图7-60所示。

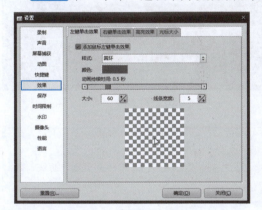

图 7-59

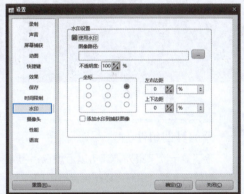

图 7-60

动手练 使用OBS Studio录制视频

OBS Studio是一款功能强大、完全免费且开源的跨平台直播录制软件,支持Windows、macOS和Linux系统。它被广泛用于游戏直播、视频录制、在线教学等领域。用户可以到官网免费下载该软件。安装以后启动该软件,设置软件为录屏。软件会进行自动测试,并弹出测试结果,单击"应用设置"按钮,如图7-61所示。

进入主界面,单击"来源"面板中的+按钮,从弹出的列表中选择"显示器采集"选项,如图7-62所示。

新建"显示器采集",单击"确定"按钮,如图7-63所示。测试无误后单击"确定"按钮,如图7-64所示。

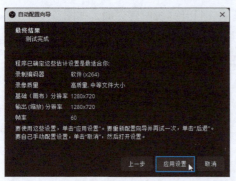
图 7-61

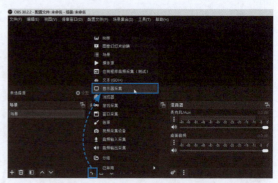
图 7-62

图 7-63

图 7-64

> **知识点拨**
>
> **添加其他组件**
>
> 除了显示器采集外，还可以添加包括图像、幻灯片、播放的媒体、文本、浏览器、游戏、窗口、音频输入等，用户可以根据需要添加。

添加完毕，单击右侧的"开始录制"按钮录制视频，如图7-65所示。录制完毕，单击"停止录制"（录制开始后，按钮就会变成"停止录制"）按钮。然后到用户的"视频"文件夹中，就可以看到录制的视频，如图7-66所示，可以播放或编辑视频。

图 7-65

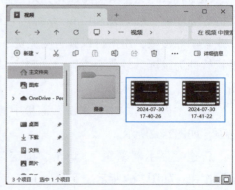
图 7-66

7.4 视频编辑软件

录制视频后，需要对视频进行编辑。视频编辑软件有很多，包括专业级别的Premiere、达芬奇、会声会影，以及操作简便、非常适合个人和办公用户使用的剪映、Camtasia。下面介绍视频编辑软件的使用方法。

7.4.1 剪映简介

剪映专业版是一款轻而易剪的视频编辑工具，能够轻松对视频进行各种编辑，包括卡点、去水印、特效制作、倒放、变速等，还有专业风格滤镜，精选贴纸给用户的视频增加乐趣。现在除了手机版外，还有PC版，而且操作简单，功能丰富。用户可以进入官网下载剪映的安装包，如图7-67所示。下载后启动下载器，配置安装参数后启动安装，如图7-68所示。

图7-67

图7-68

7.4.2 使用剪映编辑视频

相对于其他的专业视频编辑软件，剪映的操作更加简单，而且还有很多素材可以使用。下面介绍使用剪映编辑视频的操作步骤。

1. 剪辑视频

剪辑视频是常见的视频编辑操作，将不需要的部分从视频中剔除出去，就叫剪辑。

步骤01 双击"剪映专业版"图标启动剪映。单击"开始创作"按钮，如图7-69所示。

步骤02 将素材文件拖曳到"本地"资源库中，如图7-70所示。

图7-69

步骤03 将视频从资源库拖动到下方的视频编辑轨道中,如图7-71所示。

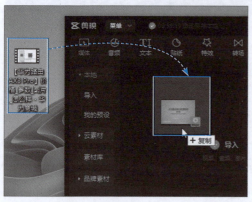

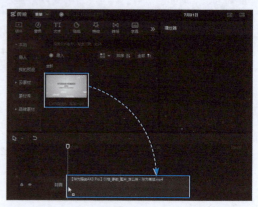

图 7-70　　　　　　　　　　　　　　图 7-71

步骤04 在删除的片段起始位置单击"分割"按钮,如图7-72所示。在结尾处也进行分割,选中的部分删除即可,如图7-73所示。

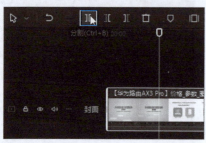

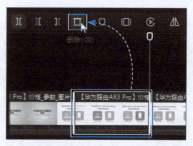

图 7-72　　　　　　　　　　　　　　图 7-73

2. 变速播放

变速播放可以加速播放视频,通过控制播放倍数或者总时长,让视频达到加速的效果。用户选中需要操作的视频,在右侧的"属性"窗格中切换到"变速"选项卡,在其中可以设置视频的播放倍速,也可以设置视频的总时长,如图7-74所示。

图 7-74

声音变调

启动"声音变调"功能,让声音变成另一种模式,起到保护隐私和增加趣味性的目的。

3. 语音转文字

剪映可以识别视频中的语音，自动生成字幕，为视频教程自动配备文字提供免费的工具，非常方便。

步骤01 选择视频，在"文本"选项卡的"智能字幕"中，单击"识别字幕"下方的"开始识别"按钮，如图7-75所示。

步骤02 剪映自动添加字幕。用户可以手动设置字幕的参数，完成后可以查看效果，如图7-76所示。

图 7-75

图 7-76

4. 添加片头

视频如果需要片头，可以使用剪映自带素材库中的片头资源。其他资源的使用方法与此类似。

步骤01 展开"素材库"，找到黑色片头，软件自动下载该资源，将该素材拖动到视频开头处，如图7-77所示。默认的长度是5s。用户可以拖动片头长度，控制开场的长度，如图7-78所示。

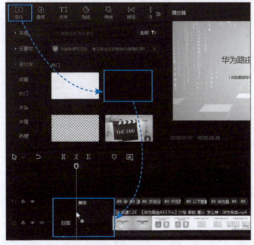

图 7-77

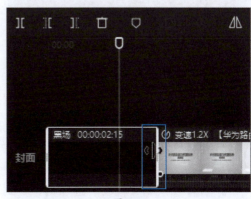

图 7-78

步骤02 在"文本"选项卡中展开"文字模板"下拉按钮。选择合适的文字样式，单击该样式可以查看效果并自动下载到本地。也可以手动单击"下载"按钮，如图7-79所示。

步骤03 将文本拖动到编辑轨道中，将文字显示长度调整成和"黑场"一样的长度，如图7-80所示。

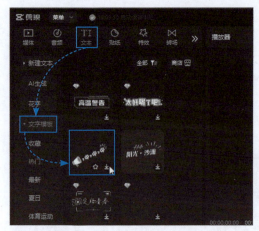

图 7-79　　　　　　　　　　　　　图 7-80

步骤04 选中该文本条，在右侧的"属性"窗格中输入文本的内容，如图7-81所示。

步骤05 在"朗读"选项卡中，可以选择该段声音由其他人声朗读。选好声音后，单击"开始朗读"按钮，如图7-82所示。就可以将文字转为声音。

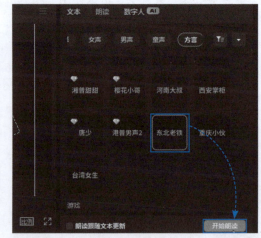

图 7-81　　　　　　　　　　　　　图 7-82

5. 添加特效

剪映的高级特效非常多，而且有各种转场、滤镜以及贴纸。下面介绍添加特效的步骤。

步骤01 切换到"转场"选项卡，找到满意的效果，拖动到两段视频间，单击+按钮，添加转场特效，如图7-83所示。

步骤02 切换到"特效"选项卡，找到一款满意的特效，拖曳到视频上，为视频添加特效，如图7-84所示。

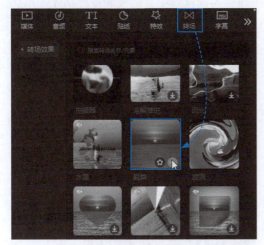

图 7-83

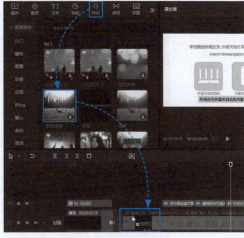

图 7-84

按同样的方法，可为视频添加"滤镜""贴纸""视频""音频"等。

6. 导出视频

剪映可以导出为普通的本地文件，也可以直接上传到抖音中进行播放，不过需要在剪映中登录抖音账号。

步骤01 单击界面右上角的"导出"按钮，如图7-85所示。

步骤02 设置文件名、导出的位置、分辨率、码率、格式等参数，完成后单击"导出"按钮，如图7-86所示。

图 7-85

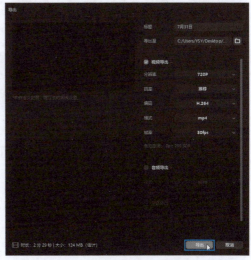

图 7-86

导出后，提示可以直接发布到抖音或西瓜视频。用户登录对应的平台账号后，自动进入视频发布页面，可以直接发布到网上。本地的导出视频保存在刚才设置的路径中，用户可以到对应目录播放该视频，并手动发布或传送给其他用户。

7.4.3 剪映中的AI功能

在剪映中，可以使用AI功能进行创作。例如在人物视频中，为视频按照描述词添加对应风格的AI特效，如图7-87所示，或者对图片添加AI特效，如图7-88所示。

图 7-87

图 7-88

如果不想真人出镜，可以在剪映中使用数字人对文本进行朗读，设置数字人的形象，如图7-89所示。设置音色、景别、背景等，就可以添加数字人，如图7-90所示。

图 7-89

图 7-90

另外，还可以使用AI生成文案、AI贴纸、AI扩图等功能。

注意事项 无法添加AI效果

剪映的很多功能已经正式收费，AI功能需要消耗额外的积分才能使用，用户可以根据需要选择是否使用。

动手练 使用Camtasia Studio编辑视频

使用Camtasia Recorder录制视频以后，可以使用Camtasia Studio对视频进行编辑操作，而且可以添加很多专有的功能，下面介绍编辑的过程。

1. 视频的剪辑

相对于剪映的剪辑，Camtasia操作起来更加灵活方便。

步骤01 放大编辑轨道，播放视频，单击要删除部分前面的时间轴，确定删除的起始位置，如图7-91所示。

步骤02 在需要删除的末尾位置，按住Shift键单击，会显示所有选中的区域，如图7-92所示。

图 7-91　　　　　　　　　　图 7-92

步骤03 使用Ctrl+X组合键将中间部分剪掉，效果如图7-93所示。按照同样的方法完成所有其余部分的剪辑，如图7-94所示。

图 7-93　　　　　　　　　　图 7-94

> **知识点拨**
>
> **选取的扩选和缩选**
>
> Shift键配合鼠标左键，可以在时间轴上扩选或者缩选，对选区进行微调。然后再对选区进行各种操作。

2. 调整视频播放速度

在Camtasia中，可以方便地实现视频加速播放或者减速播放的效果。从左侧"音效"选项卡中将剪辑速度拖入视频和音频中，如图7-95所示。单击"属性"按钮，在"剪辑速度"中可以调整视频的倍速，或直接修改当前的视频时间，如图7-96所示，减小播放总时间就是加速播放。

按照同样的方法将音频进行加速，完成后重新播放来检测效果。反之，增加时间则可以减速播放。

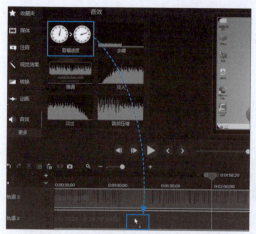

图 7-95

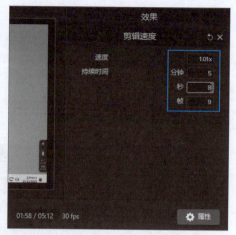

图 7-96

3. 降噪及音量调节

在Camtasia中，可以为音频添加"降噪"效果，使录制的声音更加清晰。

步骤01 在左侧的"音效"选项卡中拖动"去噪"模块到音频轨道上，如图7-97所示。系统自动进行降噪，用户可以按照前面介绍的方法，查看并设置"去噪"效果的属性值，如图7-98所示。

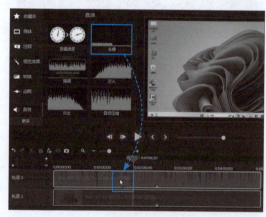

图 7-97

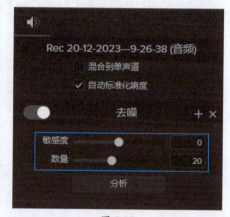

图 7-98

步骤02 选中音频轨道，将绿色的基准线向下拖曳，如图7-99所示。波形会随之减小，完成音量的减小操作，调整后的效果如图7-100所示。反之，则为增大音量。

图 7-99

图 7-100

4. 添加转场动画

在Camtasia中，可以在多个视频之间、视频开头或结尾的位置添加转场动画，使视频过渡更加顺滑。在左侧的"转换"选项卡中可以查看多种转场动画，用户可以拖动喜欢的转场动画到多个视频之间、视频开头或结尾的位置，如图7-101所示。播放到此位置时，会进行转场动画的播放，如图7-102所示。

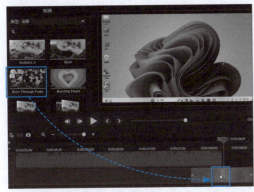
图 7-101

图 7-102

5. 添加注释效果

为视频添加注释，可突出此处的重要性。可以为视频添加文字、符号、箭头等注释。

步骤01 定位到需要添加注释的位置，从"注释"选项卡中找到需要添加的标注样式，拖动到屏幕中的合适位置，如图7-103所示。

步骤02 输入文字内容，调出属性界面，设置文字的格式，如图7-104所示。

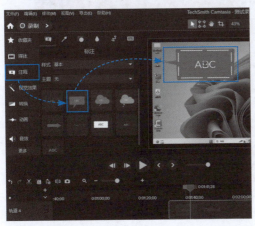
图 7-103

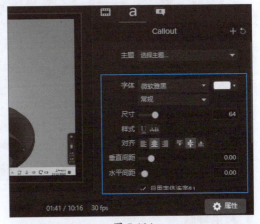
图 7-104

步骤03 在轨道中，根据时间调整注释展示的开始位置和结束位置，如图7-105所示。在视频播放到此处时，会自动显示注释内容。

图 7-105

6. 添加光标效果

只有使用Camtasia录制的视频才能添加光标特效。

步骤01 在左侧选择"光标效果"选项卡，将"突出显示"拖入到视频中，如图7-106所示。在视频中光标周围会突出显示，以方便确认位置，如图7-107所示。

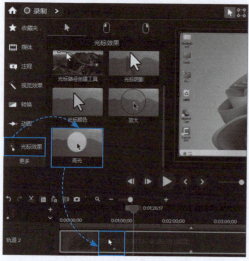

图 7-106

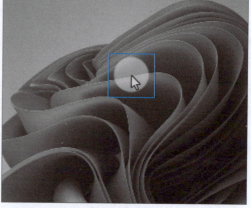

图 7-107

步骤02 按照同样的方法，可以加入单击的效果，如图7-108所示。同样也可以添加右击的效果以及声音。

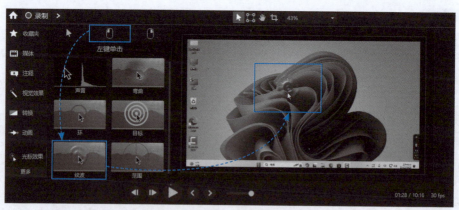

图 7-108

7. 导出视频

录制完毕后可以导出视频。在视频项目编辑完毕并保存后，可以导出为常见的视频格式（如MP4）进行播放。下面介绍导出视频的方法。

步骤01 单击界面右上角的"导出"按钮，从弹出的列表中选择"本地文件"选项，如图7-109所示。

步骤02 选择保存位置，单击"导出"按钮即可导出视频，如图7-110所示。

图 7-109

图 7-110

> **知识点拨**
>
> **批量导出**
>
> 如果要将项目文件批量生成为视频文件，可以在菜单栏的"文件"下拉列表中选择"批量导出"选项，启动"批量导出"向导，按提示操作即可批量导出视频文件。

7.5 直播软件

通过直播软件可以在线直播，也可以直播游戏、软件教程等。直播可以实时启动，通过网络观看即可。比较常用的直播平台有很多，下面以抖音直播平台为例，向读者介绍直播软件的使用。

7.5.1 抖音直播简介

抖音直播是抖音平台的一项重要功能，允许用户通过实时视频与粉丝进行互动。与传统的直播平台相比，抖音直播更注重短视频的快速、有趣和个性化的特点，为用户提供了一种全新的互动方式。抖音直播的特点如下。

- **短视频风格**：抖音直播延续了短视频的风格，内容形式多样，节奏快，更符合年轻人的喜好。
- **互动性强**：直播过程中，观众可以通过弹幕、礼物、连麦等方式与主播实时互动，营造强烈的社交氛围。
- **算法推荐**：抖音会根据用户的兴趣和观看习惯，向用户推荐感兴趣的直播内容，提高直播的曝光率。
- **商业化潜力**：直播带货、品牌合作等商业模式在抖音直播中得到了广泛应用，为用户和主播创造了更多的价值。

抖音直播的优势

抖音直播的主要优势如下。
- **用户基数庞大**：抖音拥有庞大的用户基数，为直播提供了广阔的市场。
- **内容丰富多样**：抖音直播的内容形式多样，满足了不同用户的需求。
- **流量扶持**：抖音平台会对优质的直播内容进行流量扶持，帮助主播快速成长。
- **商业化前景广阔**：抖音直播的商业化潜力巨大，为主播和品牌提供了合作的机会。

7.5.2 抖音直播的设置

用户可以到抖音官网下载并安装软件，下面介绍软件的使用方法。

步骤01 在主界面中设置好标题、直播图标、分类等。单击"添加直播画面"按钮，如图7-111所示。设置直播的界面内容，在直播界面中，可以使用摄像头画面、游戏画面、桌面全屏、程序窗口，播放视频，添加图片、幻灯片，截屏，采集其他设备画面，iOS投屏，安卓投屏，使用官方素材、互动工具、虚拟机器人、文字等。单击"全屏"按钮，如图7-112所示。

图 7-111

图 7-112

步骤02 这样就添加桌面环境到直播中，单击左上角的"添加素材"按钮，如图7-113所示，可以继续添加其他素材，如添加文字后的效果，如图7-114所示。

图 7-113

图 7-114

步骤03 该直播软件还提供"互动玩法"和"直播工具"两类功能,如图7-115所示。

步骤04 福袋中可以设置福袋的类型、中奖人数、参与方式等,如图7-116所示。

图 7-115

图 7-116

> **知识点拨**
>
> **互动玩法**
>
> 在互动玩法中,可以与其他主播PK连线,与观众连线,添加宠粉红包,分享红包、礼物菜单、心愿单、礼物投票等内容。灰色代表需要开启直播或者满足条件后才可以使用。

步骤05 可以添加互动工具与粉丝互动,如图7-117所示。

步骤06 在"小玩法"中可以参与一些活动,如图7-118所示。

图 7-117

图 7-118

> **知识点拨**
>
> **其他直播工具**
>
> 可以添加虚拟形象、添加商品、参与游戏直播活动、播放各种音效。

步骤07 进入"直播设置",可以设置直播的画面参数,如图7-119所示。

步骤08 切换到"直播间"选项卡,可以设置直播的可见范围、是否允许观众送礼等内容,如图7-120所示。

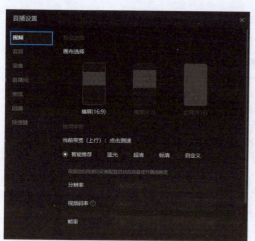
图 7-119

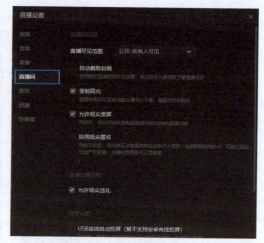
图 7-120

动手练 开启及关闭直播

配置完毕后，单击下方的"申请开播权限"按钮申请开播。在弹出的"申请说明"中单击"确认申请"按钮，如图7-121所示。申请完毕后，单击"开始直播"按钮启动直播，如图7-122所示。

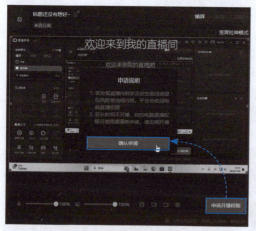
图 7-121

图 7-122

直播完毕后，可以单击"关播"按钮。确认后关闭直播，如图7-123所示。

图 7-123

知识延伸：视频文件的转码

视频被采集后文件体积会很大。通过某种编码方式进行计算，将体积压缩，再保存或传播。在播放时再通过计算、还原并进行播放。现在比较流行的编码方式有 AVC（H.264）、HEVC（H.265）、MPEG4（DivX）、MPEG4（Xvid）等。而通常所说的 MP4、MKV 等视频格式，是对视频、音频、字幕等进行优化组合的一套标准。

不同的标准对应不同的应用场景。在办公过程中，有时会遇到需要使用特定视频格式的情况，这时可以采用"格式工厂"进行转码。下面介绍具体的操作步骤。

步骤01 下载并安装格式工厂后启动软件，在主界面中单击MP4按钮，如图7-124所示。选中需要转码的视频文件，拖入弹出的"添加文件"界面，单击"输出配置"按钮，如图7-125所示。

图 7-124

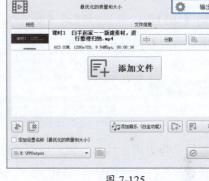
图 7-125

步骤02 在参数配置界面单击"最优化的质量和大小"下拉按钮，选择预制的一些方案。这里选择"中质量和大小"，如图7-126所示。

步骤03 可以使用预制方案，也可以手动对方案内容进行设置，如视频大小、码率等，完成后单击"确定"按钮，如图7-127所示。

图 7-126

图 7-127

步骤04 选择视频的保存位置，单击"确定"按钮，如图7-128所示。

步骤05 在主界面确认设置后，单击"开始"按钮，如图7-129所示。

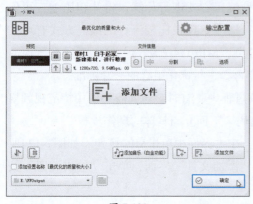

图 7-128

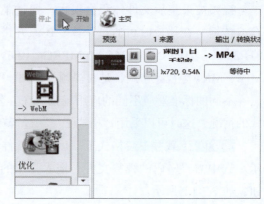

图 7-129

视频启动转码过程，并显示转码进度，如图7-130所示。如果计算机有支持视频处理加速的显卡，可以提高转码的速度。

图 7-130

转换完成后会弹出提示信息，用户可以到刚才设置的转码输出位置查看文件。

除了对视频进行格式转换外，"格式工厂"还可以对音频和图片进行转换，如图7-131和图7-132所示。

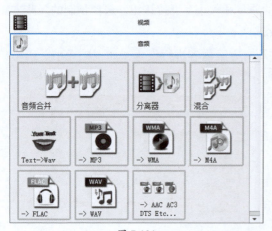

图 7-131

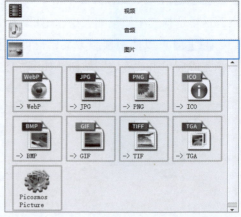

图 7-132

第8章
操作系统的安装

从某种角度来说,操作系统也属于软件,而且是一种特殊的软件。不少用户觉得安装操作系统很难,不易操作,其实按照安装步骤,借助一些软件,安装操作系统还是比较简单的。本章将介绍系统安装的基本操作和所需软件,供读者学习参考。

8.1 操作系统安装概述

操作系统的安装并没有那么神秘和复杂，经过学习就可以独立自由地安装操作系统。主要的困难在于处理安装操作系统过程中出现的各种情况，这需要经验的积累。

8.1.1 需要安装操作系统的情况

计算机在什么情况下需要重新安装系统，笔者归纳了以下几种情况。

- 新计算机（无系统）
- 系统崩溃
- 开机报错
- 经常蓝屏
- 系统跨大版本升级
- 系统卡顿
- 病毒木马无法清除
- 软件环境需要
- 测试系统
- 新系统尝鲜

8.1.2 系统安装的主要过程及准备

系统的安装主要包括以下几个步骤，用户需要按照步骤准备工具或者软件。

（1）下载系统映像文件。可以理解为系统的安装包，建议下载官方发布的原版系统映像文件，映像文件的扩展名为"ISO"。

> **知识点拨**
>
> **原版映像文件是什么**
>
> 原版映像是官方发布的，未经修改的，完整的系统映像。使用第三方的优化、修改、删减等版本，有可能会产生组件缺失、莫名报错、功能缺失以及安全问题。

（2）制作启动U盘。将U盘做成启动U盘，进行操作系统的安装。启动U盘分为两种。一种是微软官网制作工具或者第三方工具制作而成U盘，其作用就是启动计算机，并进行系统的安装，功能单一。另一种是PE U盘。PE是系统中的一种特殊环境（可以理解为另一个系统）。第三方组织对PE进行修改和完善。这种PE可以作为系统维护工具，排查和处理系统故障，也可以通过其中的工具来安装系统。这种启动U盘非常灵活，更加受欢迎。

（3）BIOS设置。不需要设置非常复杂的参数，让计算机从U盘启动。

（4）分区。分区操作仅对于新计算机、新硬盘而言。可以在安装过程中分区，也可以提前分区。如果已经分区完毕，只是重新安装操作系统，可以不用分区，非系统分区的文件也可以保留。

（5）正式安装。系统的安装，用户按照安装向导提示，进行选择即可。

动手练 系统映像的下载

系统映像的下载可以进入官网,也可以进入第三方网站。第三方网站建议下载原版的映像文件。这里介绍微软官网下载系统映像文件的方法。

步骤01 在搜索引擎中搜索关键字"Windows 11 下载",第一项就是下载界面,如图8-1所示。

步骤02 找到"下载Windows 11磁盘映像(ISO)"板块,选择版本为"Windows 11 (multi-edition ISO)",单击"下载"按钮,如图8-2所示。

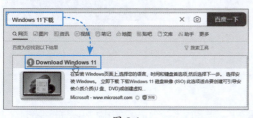

图 8-1　　　　　　　　　　　　图 8-2

步骤03 选择语言为"简体中文",单击"确认"按钮,如图8-3所示。经过解析后,会显示"64-bit Download"按钮,单击即可启动下载工具进行下载,如图8-4所示。

图 8-3　　　　　　　　　　　　图 8-4

> **知识点拨**
>
> **第三方原版映像的下载**
>
> 除了微软官网提供的映像外,用户可以到第三方网站下载原版映像,如图8-5所示。用户可以使用迅雷等工具下载。
>
>
>
> 图 8-5

8.2 启动U盘的制作

可以使用微软官方的制作工具,制作启动U盘,无须下载系统映像。大多数情况是下载ISO后,使用软件刻录到U盘中。下面介绍这两种启动U盘的制作方法。

8.2.1 使用微软官网工具制作启动U盘

在系统下载界面上方有"创建Windows 11安装"工具板块,可以下载并使用该工具来制作,如图8-6所示。下载完毕,启动即可,如图8-7所示。

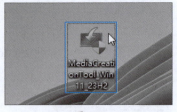

图 8-6　　　　　　　　　　　　　　　　图 8-7

> **知识点拨**
>
> **Windows 11安装助手**
>
> 在下载界面中,还有个"Windows 11"安装助手,主要用来升级系统使用。可以保留软件和用户数据进行升级。

步骤01 启动软件后,查看协议,单击"接受"按钮,如图8-8所示。

步骤02 选择语言和版本,保持默认选项,单击"下一页"按钮,如图8-9所示。

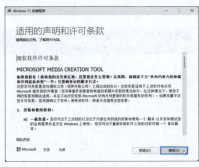 

图 8-8　　　　　　　　　　　　　　　　图 8-9

步骤03 准备8GB及以上的U盘,插入计算机后,选中"U盘"单选按钮,单击"下一页"按钮,如图8-10所示。

步骤04 选择U盘,单击"下一页"按钮,如图8-11所示。

图 8-10　　　　　　　　　　　　　　　图 8-11

软件自动下载系统文件，并刻录到U盘中。

> **知识点拨**
>
> **下载速度较慢**
>
> 在官网直接下载ISO映像，可能会由于网络、资源等各种原因，非常慢。用户可以使用第三方下载工具下载映像。在图8-10中选择"ISO文件"进行下载及创建工作，会相对快一点。

8.2.2 使用Rufus制作启动U盘

除了微软官网的制作工具，还可以使用第三方的刻录工具将镜像文件刻录到U盘。这类工具很多，比较常见的就是Rufus。该工具是一个开源且免费的、用于快速制作U盘系统启动盘的实用小工具，可以快速把ISO格式的系统映像文件制作成可引导的USB启动安装盘，支持Windows或Linux启动。Rufus小巧玲珑，软件体积仅1MB多，然而麻雀虽小，五脏俱全。下面介绍使用该工具制作系统启动U盘。

步骤01 启动软件后，自动识别到U盘，单击"选择"按钮，如图8-12所示。选择好下载的系统映像文件，其他参数保持默认，单击"开始"按钮，如图8-13所示。

图 8-12

图 8-13

步骤02 弹出"Windows用户体验"对话框，在对话框中可对是否移除Windows 11的硬件要求、是否移除必须使用微软账户登录、是否创建本地账户、是否使用当前的区域设置、是否禁止手机数据以及是否禁用BitLocker等进行设置。用户根据需要选择完成后单击OK按钮，如图8-14所示，启动制作。

图 8-14

动手练 使用FirPE制作启动U盘

制作可以启动的U盘，就不得不提到Windows Preinstallation Environment（Windows PE，Windows预安装环境），一个提供有限服务的最小Windows子系统，以保护模式运行的Windows内核。现在的Windows PE，一般用于计算机安装操作系统，以及修复计算机各种故障。官方给出的PE功能十分简单，一般建议高级用户自己配置工具使用。而普通用户，建议直接使用第三方工具制作启动盘。

因为默认集成了很多实用的工具，在计算机无法开机时，可以通过PE系统修复计算机里的各种问题，比如删除顽固病毒、修复磁盘引导分区错误、硬盘分区、数据备份等。而且现在的PE中都带有各种硬件驱动，可以直接联网、下载、远程协助等。

下面以FirPE为例，介绍使用该工具创建启动U盘的步骤。用户可以到软件官网下载该工具。

步骤01 从FirPE的官网下载PE的制作程序。插入U盘，关闭安全软件，双击启动该软件，如图8-15所示。

步骤02 软件会自动识别到U盘，其他的参数保持默认，单击"全新制作"按钮，启动制作程序，如图8-16所示。

图 8-15

图 8-16

注意事项 关闭安全防护软件

很多此类软件会被杀毒软件误删除或限制功能。是否使用需要用户自己决定。除了安全软件，请将Windows的实时监控功能也关闭。

接下来软件自动格式化U盘，重新分区，然后开始制作。成功后会有提示信息。

知识点拨

高级功能

一般第一次制作可以使用"全新制作"。如果已经制作完成，软件有新版本可以"免格升级"。因为制作完成后，U盘会被分区，所以可以使用"还原空间"恢复成初始状态。除了安装在U盘上，也可以使用"本地安装"安装到本地硬盘上。"生成ISO"映像，可以将PE制作成ISO映像。

8.3 操作系统的安装过程

在制作好启动U盘后，可以安装操作系统。以官网制作的启动U盘为例，介绍操作系统的安装过程。

8.3.1 从U盘启动

可以进入BIOS，设置从U盘启动。但该种方法比较麻烦，用户可以在开机时，按照图8-17中所示，按对应快捷键，进入启动设备选择界面。选择U盘即可从U盘启动，如图8-18所示。这种启动是一次性的，不会影响BIOS，也更快速。

主板	启动快捷键	笔记本电脑	启动快捷键	台式机	启动快捷键
华硕	F8	联想	F12	联想	F12
技嘉	F12	宏碁	F12	惠普	F12
微星	F11	华硕	ESC	宏碁	F12
映泰	F9	惠普	F9	戴尔	ESC
昂达	F11	戴尔	F12	神舟	F12
梅捷	ESC或F12	神舟	F12	华硕	F8
七彩虹	ESC或F11	东芝	F12	方正	F12
双敏	ESC	三星	F12	清华同方	F12
富士康	ESC或F12	IBM	F12	海尔	F12
斯巴达克	ESC	方正	F12	明基	F8

图 8-17

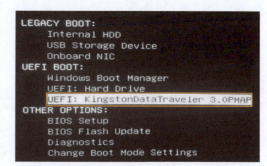

图 8-18

8.3.2 启动安装

选择U盘启动以后，计算机会自动读取U盘上的启动文件，提示按任意键，启动安装进程，如图8-19所示。进入正式的安装配置过程。

图 8-19

步骤01 选择安装的语言等选项，保持默认，单击"下一页"按钮，如图8-20所示。

步骤02 单击"现在安装"按钮，如图8-21所示。

图 8-20

图 8-21

步骤03 输入产品密钥,也可以安装后激活,单击"我没有产品密钥"按钮,如图8-22所示。选择安装的版本,如常见的"Windows 11专业版"选项,单击"下一页"按钮,如图8-23所示。

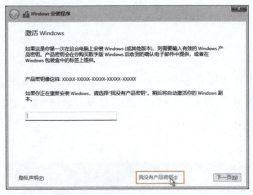

图 8-22

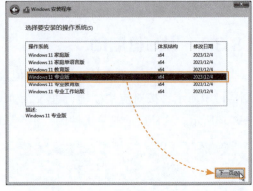

图 8-23

知识点拨

版本显示不同

这里使用的是官方工具制作的安装U盘,其中的版本如图8-23所示。如果读者下载的是商业版或零售版的映像,其中的版本有可能不同。可以根据实际需要选择,建议读者选择"专业版"及以上的版本。

步骤04 勾选接受许可复选框后,单击"下一页"按钮,如图8-24所示。

步骤05 单击"自定义:仅安装Windows"按钮,如图8-25所示。

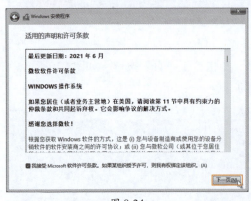

图 8-24

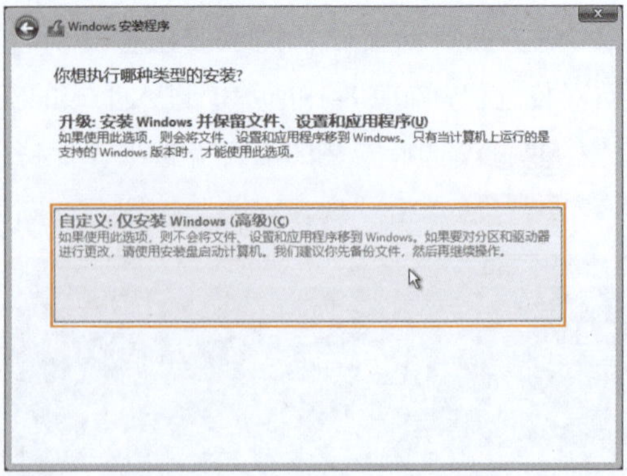

图 8-25

8.3.3 硬盘分区

如果硬盘已经完成分区,可以直接选择系统分区进行安装。如果是新硬盘,不需要分区,可以选择"未分配空间",直接安装,这样就只有一个分区。如果已经分区,也可以删除所有分区,手动重新分区。下面介绍手动分区的方法。

步骤01 选中需要分区和安装操作系统的硬盘,单击"新建"按钮,如图8-26所示。

步骤02 输入分区大小,单击"应用"按钮,如图8-27所示。

图 8-26

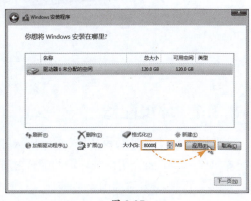

图 8-27

步骤03 系统提示需要创建额外的分区,单击"确定"按钮,如图8-28所示。

步骤04 系统自动创建EFI分区和MSR分区。如果还有空间,可以继续创建分区。创建完毕后,选择需要安装操作系统的主分区,单击"下一页"按钮,如图8-29所示。接下来展开及复制文件并安装对应的功能,如图8-30所示。

图 8-28

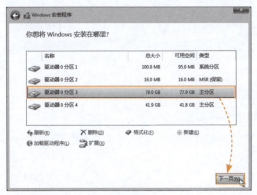

图 8-29

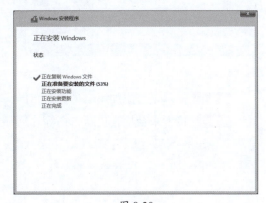

图 8-30

手动创建所有分区

在使用原版映像进行操作系统安装时,在图形界面无法手动创建EFI、MBR及系统恢复分区(其实也可以使用命令行模式创建分区,普通的方式是无法创建这些额外分区的),所有额外分区都是系统自动创建。另外在分区时,会自动创建恢复分区,但是在列表中并不显示。

完成后,提示重启计算机,单击"立即重启"按钮,如图8-31所示。

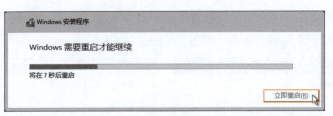

图 8-31

8.3.4 环境配置

重启后,计算机安装文件、驱动等。再次重启后,进入安装的第2阶段,系统环境配置向导中。下面介绍系统环境的配置过程。

步骤01 选择当前的国家或地区,保持默认的"中国"选项,单击"是"按钮,如图8-32所示。

步骤02 选择键盘布局或输入法,保持默认,单击"是"按钮,如图8-33所示。

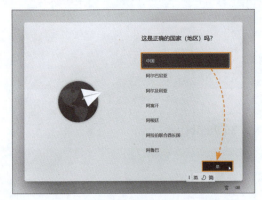

图 8-32

图 8-33

步骤03 提示是否添加第二种键盘布局,单击"跳过"按钮,如图8-34所示。

步骤04 接下来会检查更新,稍等片刻,如图8-35所示。

图 8-34

图 8-35

步骤05 重启后为计算机设置名称,输入名称后,单击"下一个"按钮,如图8-36所示。

步骤06 重启后,继续进行设置,选择"针对个人使用进行设置",单击"下一步"按钮,如图8-37所示。

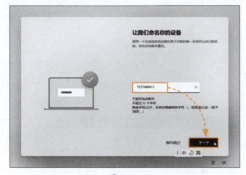

图 8-36

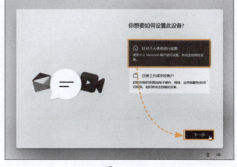

图 8-37

步骤07 提示为获取更好的体验,需要登录微软账户,单击"登录"按钮,如图8-38所示。

步骤08 接下来需要登录微软账户,用户输入微软账户名称后,单击"下一步"按钮,如图8-39所示。

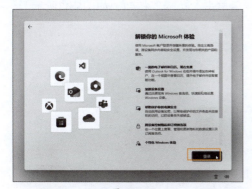

图 8-38

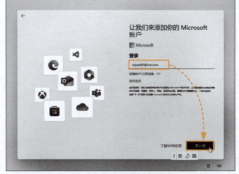

图 8-39

知识点拨

需要微软账户登录

Windows 11的安装步骤根据微软的策略和版本而不断发生变化。早期可以创建本地账户,现在需要使用微软账户登录。但如果多次尝试后仍无法连接到微软的服务器,也会自动切换到本地账户的创建。

跳过微软账户登录

用户也可以跳过微软账户,使用本地账户登录。不登录无线网或连接网线,进入网络设置界面。使用Shift+F10组合键打开命令提示符界面,输入"oobe\bypassnro"。按回车键重启后再回到该界面,单击"我没有Internet连接",就可以不登录,而创建本地账户。

步骤09 输入微软账户的密码后,单击"登录"按钮,如图8-40所示。

步骤10 弹出创建PIN码的界面,单击"创建PIN"按钮,如图8-41所示。

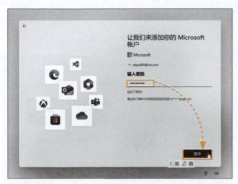

图 8-40　　　　　　　　　　　　图 8-41

> **知识点拨**
>
> **PIN码**
>
> PIN指的是Windows Hello PIN，是在本地创建的，针对微软账户登录Windows 11的密码。登录系统后，也可以选择使用账户密码登录。

步骤11 勾选"包括字母和符号"复选框，设置PIN码，完成后单击"确定"按钮，如图8-42所示。根据实际情况设置隐私，完成后单击"接受"按钮，如图8-43所示。

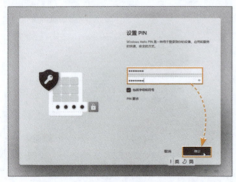
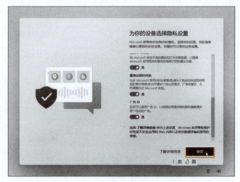

图 8-42　　　　　　　　　　　　图 8-43

步骤12 在"自定义体验"设置中，设置体验内容，单击"接受"按钮，如图8-44所示。

步骤13 询问是否可以访问最近的浏览数据，根据需要选择，如图8-45所示。

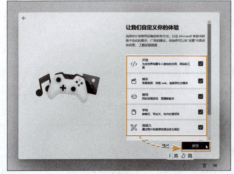
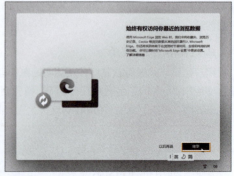

图 8-44　　　　　　　　　　　　图 8-45

步骤14 询问是否探索Microsoft 365，这里选择"不查看优惠"，如图8-46所示。

步骤15 如果连接了网络，系统会自动进行系统更新和安装，如图8-47所示。

图 8-46

图 8-47

步骤16 系统会进行更新并进行最后的配置和保存，此时不要关闭电源，如图8-48所示。稍等进入Windows 11系统界面中，如图8-49所示。

图 8-48

图 8-49

动手练 使用WinNTSetup部署安装Windows 11

部署安装和直接安装不同，需要先对硬盘进行分区，才能进行部署安装。部署安装无须考虑硬件支持情况，可以跳过硬件检查环节，所以在一些不满足Windows 11硬件要求的设备上能够安装该操作系统。WinNTSetup是常用的部署安装工具，功能强大，支持所有的Windows平台，可以完全格式化C盘，支持多系统安装，支持在Windows及PE环境运行，允许用户在安装前对系统进行性能优化、集成驱动程序、启用第三方主题支持、加入无人值守自动应答文件等操作，支持创建VHD。在部署前，如果硬盘没有分区，可以使用DiskGenius工具对硬盘进行分区，然后启动该工具即可安装操作系统。

步骤01 在PE的桌面或所有程序中找到并单击WinNTSetup图标，如图8-50所示。

步骤02 在启动的界面中，单击"选择安装映像文件位置"后的"选择"按钮，如图8-51所示。

图 8-50

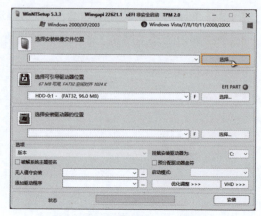
图 8-51

知识点拨

映像文件的加载

在使用WinNTSetup前，可以将映像文件复制到U盘中。在PE里，双击映像文件，PE自动将映像文件加载到虚拟光驱中。在使用WinNTSetup时，可以在虚拟光驱中选择对应的文件。

步骤03 进入虚拟光驱中，找到并选择Sources文件夹中的install.wim文件，单击"打开"按钮，如图8-52所示。

步骤04 选择引导分区的位置，默认自动识别。如果未识别到，单击下拉按钮，选择EFI分区，如图8-53所示。

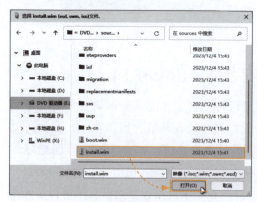
图 8-52

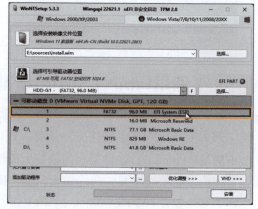
图 8-53

知识点拨

其他部署工具的使用

除了WinNTSetup以外，每个PE中都有其他的部署工具。它们的使用方法基本类似，都需要设置引导分区、系统分区，选择映像文件。这些其他的部署工具可以自动加载ISO映像文件，有些可以自动选择install.wim文件。

步骤05 单击"选择安装驱动器的位置"后的"选择"按钮，如图8-54所示。

步骤06 选择准备安装操作系统的系统分区，单击"选择文件夹"按钮，如图8-55所示。

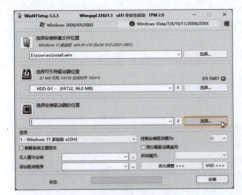

图 8-54

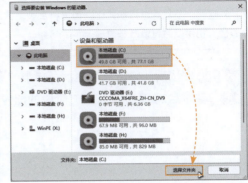

图 8-55

步骤07 单击"选项"后的下拉按钮，选择要安装的版本，这里选择"Windows 11专业版"，如图8-56所示。其他保持默认，单击"安装"按钮，如图8-57所示。

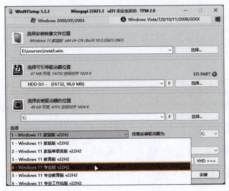

图 8-56

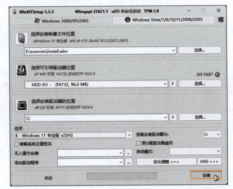

图 8-57

步骤08 在"就绪"界面中保持默认，单击"确定"按钮，如图8-58所示。

步骤09 WinNTSetup开始映像的部署，如图8-59所示。不会进行Windows 11的常规验证，下方有安装进度条。

图 8-58

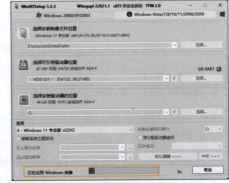

图 8-59

WinNTSetup报错

很多原因会造成WinNTSetup报错，此时可以尝试单击引导驱动器和安装驱动器后的 F 按钮，对这两个驱动器进行格式化，再进行部署，大部分报错都可以解决。如果引导分区后的指示灯为黄色，也可以通过该方法解决。

步骤10 完成后，弹出成功提示，单击"重启"按钮，继续安装，如图8-60所示。

步骤11 重启2次后，进入第二阶段的配置向导，如图8-61所示。

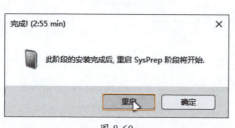

图 8-60

图 8-61

余下的配置步骤和之前介绍的完全相同，这里不再赘述。

8.4 制作随身携带的操作系统

由于工作或者学习的需要，很多用户需要在多台计算机之间切换使用。这样就需要在多台设备中，创建符合自己需要的工作环境。但往往这些计算机还有其他的用户使用，容易造成工作环境的混乱，影响工作的正常进行。此时用户就需要一个类似PE的系统，可以在任何计算机中，随时进入属于自己的工作环境。下面介绍如何制作随身携带的操作系统。

8.4.1 Windows To Go简介

Windows To Go是Windows 8/8.1、Windows 10的一种企业功能。对于满足Windows 8硬件要求的计算机，Windows To Go可使Windows 8、Windows 8.1、Windows10从USB驱动器中启动并运行，不必考虑计算机上运行的操作系统。该功能的主要特点如下。

- **随身携带**：无论走到哪里，Windows系统都跟着用户。
- **多设备兼容**：只要计算机硬件支持，就可以在任何一台计算机上使用Windows To Go。
- **保护隐私**：工作环境始终保持一致，无须担心数据泄露。
- **快速恢复系统**：如果计算机系统崩溃，可以使用Windows To Go快速恢复工作。
- **测试新系统**：在不影响现有系统情况下，可以测试新的Windows版本或应用程序。

依托于Windows To Go，开发了很多工具。它们整合Windows TO GO的功能，并加入各种功能选项，非常适合用户的使用。比较常见的是WTG辅助工具，可以到官网中下载使用。

8.4.2 制作随身Windows 11操作系统

Windows系列的系统，可以使用WTG辅助工具安装到U盘上。下面以Windows 11为例，介绍具体的操作步骤。

步骤01 进入操作系统，将镜像下载完毕后，放入系统中。双击添加到虚拟光驱汇总。将U盘插入计算机USB接口。下载好WTGA，双击打开该程序，如图8-62所示，会自动识别到install.wim的路径。如果没有发现，可以单击"浏览"按钮，手动选择。

步骤02 单击"请选择可移动设备"下拉按钮，选择U盘或移动硬盘，如图8-63所示。

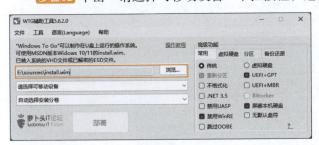

图 8-62

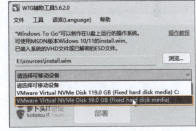

图 8-63

步骤03 单击"自动选择安装分卷"下拉按钮，选择系统版本，如图8-64所示。

步骤04 在右侧的"高级功能"选项中，设置制作模式。默认选择"传统""UEFI+GPT"模式，其他保持默认即可，如图8-65所示。

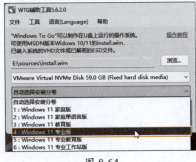

图 8-64

图 8-65

通过虚拟硬盘制作

在"虚拟硬盘"选项卡中，可以制作虚拟硬盘。使用虚拟硬盘模式，可以在安装介质中，虚拟一个可以引导的虚拟镜像文件。随着用户的使用自动变大，而且是文件的形式，方便管理。不妨碍用户在安装介质中存放其他东西，作为U盘使用，非常方便。但这种模式兼容性方面并不稳定，建议有经验的用户可以使用这种方法尝试制作。在"虚拟硬盘"选项卡中,可以设置虚拟机硬盘的文件名及虚拟硬盘大小,"0"代表自动,如图8-66所示。

获取帮助信息

在每个选项卡的右下角都有红色的"?",用户可以单击了解相关参数的说明。

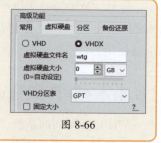

图 8-66

步骤05 切换到"分区"选项卡中,设置EFI分区大小。如果要创建更多分区,可以设置每个分区的大小,注意单位是MB,如图8-67所示。

步骤06 其余参数为默认。单击左边的"部署"按钮,如图8-68所示。

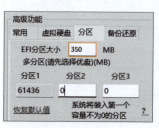

图 8-67

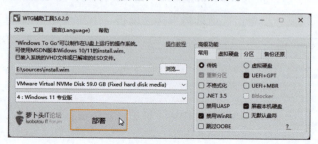

图 8-68

知识点拨

分区的设置

默认所有容量都给了分区1。如果用户需要创建多个分区,可以直接修改其他分区的容量数值,就会从分区1中划出该容量给其他分区。注意单位为MB。

步骤07 系统会弹出警告信息,单击"是"按钮,如图8-69所示。

步骤08 系统开始向U盘中写入数据,并显示进度等信息,如图8-70所示。

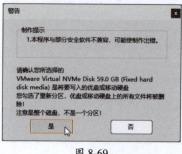

图 8-69

图 8-70

完成后,可以重启计算机,并从U盘启动。进入系统参数设置界面中,和安装系统一样配置即可。完成后,可以进入桌面中。系统的运行速度由U盘的速度决定。用户可在其中安装各种软件,放置各种文件,和使用普通计算机一样。

动手练 制作口袋Linux系统

这里使用的是Linux的发行版。Kali系统。Kali Linux是基于Debian的Linux发行版，预装了许多渗透测试软件，包括nmap、Wireshark、John the Ripper，以及Aircrack-ng。用户可通过硬盘、Live CD或Live USB运行Kali Linux。Kali Linux既有32位和64位的镜像，可用于x86指令集。同时还有基于ARM架构的镜像，可用于树莓派和三星的ARM Chromebook。

1. 为U盘安装KALI

可以在Kali的下载界面中找到专为U盘安装定制的Live Boot版本，如图8-71所示。在下载后可以将其刻录到U盘中，这样U盘才能作为一个系统启动。这和制作U盘安装介质是不同的。可以使用多种工具，本例使用Universal-USB-Installer。它是一款功能强大的开源工具，可以帮助用户将各种操作系统（如Windows、Linux、Ubuntu等）的ISO镜像文件制作成可启动的USB闪存盘。这样一来，就可以用这个U盘在不同的计算机上安装操作系统，或者进行系统修复、数据恢复等操作。

图 8-71

步骤01 将U盘插入计算机中，启动Universal-USB-Installer，单击I Agree按钮，同意协议，如图8-72所示。

步骤02 在主界面中，找到并选择U盘，勾选Prepare this Device复选框，如图8-73所示。

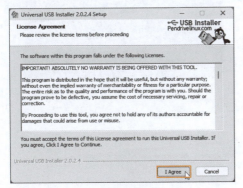

图 8-72

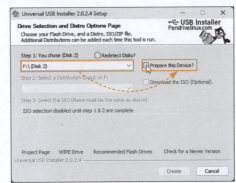

图 8-73

步骤03 软件提示用户保存重要数据，并检查U盘是不是所需要的。完成后，单击"是"按钮，如图8-74所示。

步骤04 引导分区UUI创建成功后会弹出提示，单击"确定"按钮，如图8-75所示。

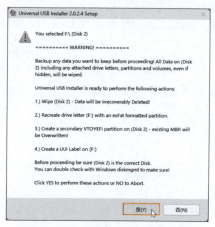

图 8-74

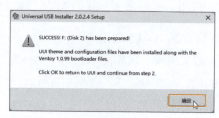

图 8-75

> **知识点拨**
>
> **其他Linux系统**
>
> 在选择系统类型的列表中，可以看到很多其他的Linux发行版。如果用户需要制作这些类型的系统，可以下载对应的映像文件，选择对应的选项，就可以制作其他类型的系统。

步骤05 选择要刻录的系统类型，在下列表中找到并选择Kali Linux（Penetration Testing），然后找到并选择刚下载的Kali Live镜像。最后设置给予Kali数据修改的保存空间大小，一般设置为4~6GB。完成后单击Create按钮启动创建，如图8-76所示。

步骤06 接下来软件开始制作并复制镜像文件，完成后单击Next按钮，如图8-77所示。

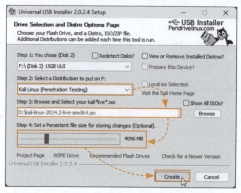

图 8-76

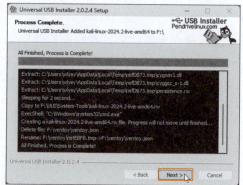

图 8-77

步骤07 因为该软件底层用的是Ventoy，所以会提示是否要加入其他系统镜像，这里单击"否"按钮，如图8-78所示。

图 8-78

2. 使用U盘启动计算机到Kali环境

关机后，将U盘接入到计算机中，并从U盘启动。

步骤01 在主界面中，选择"DIR [System-Tools]"选项并按回车键，如图8-79所示。

步骤02 选择Kali的Live镜像后按回车键，如图8-80所示。

图 8-79

图 8-80

步骤03 启动模式保持默认的Boot in normal mode即可，按回车键执行，如图8-81所示。

步骤04 选择存储文件，用来存储数据，按回车键执行，如图8-82所示。

图 8-81

图 8-82

步骤05 选择Kali的运行模式，选择Live system with usb persistence并执行即可，如图8-83所示。接着会自动进入Kali中，可以保存用户的各种文件和配置了，如图8-84所示。默认是英文，用户可以手动修改语言，并进行各种实验。

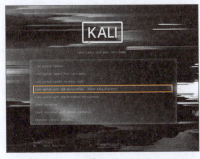
图 8-83

图 8-84

知识延伸：Windows登录密码的清空

有时会忘记系统登录密码或者PIN码，此时可以根据界面提示进行找回，也可以强制将登录密码清空。PE中一般有工具可以清空Windows的登录密码。本例使用常见的Windows Login Unlocker。

进入到PE中，找到并启动密码清空工具，选择需要清空密码的本地账户，单击"重置\解锁"按钮，如图8-85所示。在弹出的确认框中，单击"确定"按钮，如图8-86所示。稍等就会弹出成功提示。

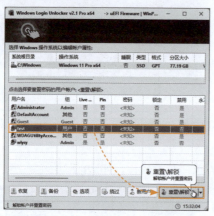

图 8-85

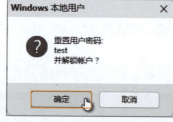

图 8-86

如果是微软账户使用PIN码登录，则会弹出提示，将该用户转为本地账户，再重置密码，用户需考虑清楚。单击"确定"按钮，如图8-87所示。稍等后弹出成功提示。以本地用户的环境，登录该账户。在登录后，如果仍需关联微软账户，可以到系统的账户管理中先停止，如图8-88所示，再重新关联微软账户，并重新设置PIN码即可。

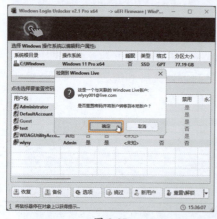

图 8-87

图 8-88

该工具还可以备份、恢复用户数据库、绕过用户账户，使用administrator登录、创建新用户、修改用户为管理员、查看用户信息、删除用户、禁用用户账户等。

第9章
安全及管理软件

计算机与网络已渗透到生活的各个方面,虽然带来了便利,但也引发了诸多不稳定因素,如个人信息泄露、病毒木马威胁、网络攻击和网络暴力等安全问题。因此,提高计算机和网络的安全防范能力已成为必备技能。计算机管理优化通常涉及根据个人需求调整设置,并定期清理系统垃圾,以保持高效的工作状态。本章介绍一些常见的计算机安全防范技术及管理软件的使用方法。

9.1 计算机主要面临的安全威胁

计算机系统中各种功能都是由各种程序实现。这些人为编写的代码中,本身就可能存在各种漏洞和Bug。或者随着网络技术的进步,一些原本比较安全的技术和协议也变得不再安全。而这些漏洞和不安全的因素被人为利用后,就产生了各种网络安全问题。

9.1.1 常见的威胁形式

下面介绍一些常见的网络安全问题及其表现的主要形式。这些安全问题之间,并不孤立存在,彼此之间往往相互关联。

(1)病毒和木马。病毒和木马都是人为编写的程序。病毒主要对计算机进行破坏,而木马主要窃取用户的各种数据。现在病毒和木马的界线已经越来越不明显。如勒索病毒会锁住用户的重要文件,并向受害者进行勒索。以往的病毒和木马通常以存储介质,如U盘和移动硬盘进行传播。在网络普及后,病毒和木马依托于网络大肆扩散。

> **知识点拨**
>
> **网页挂马**
>
> 有些人会利用漏洞,在正常的网页中植入可执行的木马程序。如果用户的浏览器安全等级较低,在浏览过程中就会中招。这就是所谓的网页挂马。

(2)钓鱼攻击。钓鱼攻击主要制作和正常网页相类似的虚假网页,通过多种手段诱使用户主动填写各种敏感信息,如用户账号、密码、验证码,从而非法获取用户的各种数据。钓鱼攻击并不刻意针对某个用户和某个设备,而是采取广撒网,愿者上钩的模式。

(3)漏洞攻击。漏洞是操作系统或软件本身存在缺陷或不足,被黑客发现并利用。可以通过某些漏洞入侵用户的操作系统,远程执行程序或代码。利用漏洞窃取用户的数据、定期执行一些危险操作。或者将该设备变为肉鸡,用来攻击其他设备。通过该跳板,可以隐藏黑客的踪迹,无法反向追踪。

(4)渗透窃取。黑客入侵的最终目的就是窃取用户的敏感或隐私数据。每年因数据泄漏造成的损失,已经越来越大。各大门户网站也相应加强了网络身份验证及数据存储的安全管理,从外部入侵的难度越来越高。所以泄露的来源逐渐从外部发展到内部,内部数据泄露占有的比例也逐渐增高。一些安全性不高的网站时常发生数据泄露的重大安全事故。

> **术语解释** 撞库攻击
>
> 黑客入侵某个网站后,利用从该网站获取的用户账号和密码,登录其他的网站。如果用户使用了相同的账号和密码,黑客则可以轻易进入这些网站,获取用户的隐私数据和各种资产。这就是常说的撞库。

（5）欺骗攻击。欺骗攻击主要是网络欺骗。黑客在网络中，通过ARP欺骗、DHCP欺骗、DNS欺骗、生成树欺骗等手段，将黑客设备伪装成网关或交换机，所有设备的数据全部流经该设备。黑客可以截获、篡改、破解这些加密数据，从而获取用户的各种数据信息。也可以通过劫持，将用户的访问引导到钓鱼网站中。

（6）拒绝服务攻击。拒绝服务攻击主要利用服务器本身固有的缺陷，制造大量的虚假访问，占用服务器的大量资源，使其无法正常运行或响应正常的访问请求。这就是常见的SYN Flood攻击。

（7）社工攻击。社工（Social Engineering）是社会工程学的简称，指利用人类社会的各种资源途径来解决问题的一门专业学科。黑客领域的社工就是利用网络公开资源或人性弱点来干预其心理，从而收集信息，达到入侵系统的目标。

（8）密码破解。密码破解包括重要资料的非法解密、暴力破解网络账户密码、开机密码、保护密码等。这些破解大部分使用密码字典进行破解，理论上只要有密码就会被破解，只是时间的长短。越复杂的密码，理论破解时间就越长。达到了理论界限，如几年到几十年甚至上百年，就认为无法破解。

> **知识点拨**
>
> **其他攻击方式**
>
> 其他攻击方式还包括密码暴力破解攻击、短信电话轰炸攻击、僵尸网络攻击、SQL渗透攻击、无线钓鱼攻击等。

9.1.2 常见的防范技术

计算机的防范技术根据威胁的种类不同，也有不同的防范方法。下面介绍一些常见的防范技术。

（1）升级系统。经常对系统更新，这里的更新主要指更新安全补丁。系统厂商会定期为其发布的系统提供安全更新，来解决系统漏洞问题，所以不要使用不再被厂商支持的系统。

（2）定期进行杀毒。不仅要开启防毒软件的实时防御功能，还定期为系统执行进行查毒、杀毒操作。

（3）使用防火墙。Windows内置了防火墙。可以通过防火墙阻止非法访问，以及过滤网络流量，阻止恶意软件的入侵。

（4）使用强密码。强密码指满足一定要求的复杂密码，如密码应包含大小写字母、数字、符号，还要满足一定长度要求。这样可以增加暴力破解的成本。并且要在不同位置使用不同的密码，定期更换密码来提高安全性。

（5）养成安全的习惯。包括不要在计算机上使用不安全的软件，不要打开未知来源的文件或软件等。

9.2 常用防毒杀毒软件的使用

计算机最主要的威胁就是病毒和木马。现在的防毒杀毒软件对于比较流行的病毒和木马，基本能检测出来并进行隔离处理。同时这些防毒软件也已经融合了防火墙、联网控制、程序控制等功能，能够很好地保护好计算机。本节介绍一些好用的防毒杀毒软件，及其使用方法。

9.2.1 火绒安全软件简介

火绒是一款杀防管控一体的安全软件，有着面向个人和企业的产品。拥有简洁的界面、丰富的功能和很好的体验。特别针对国内安全趋势，自主研发高性能反病毒引擎，拥有多年网络安全经验。其主要优势如下。

- **干净**：无任何具有推广性质的广告弹窗和捆绑。
- **简单**：一键下载，安装后使用默认配置即可获得安全防护。
- **轻巧**：占用资源少，不影响日常办公、生活。
- **易用**：产品性能经历数次优化，兼容性好，运行流畅。

9.2.2 下载与安装

火绒安全软件6.0已经正式发布。用户可以搜索并进入火绒的官网，在"个人产品"下拉列表的"火绒安全软件6.0"中单击"免费下载"按钮，如图9-1所示。下载完毕后，双击安装包启动安装。设置安装目录后，单击"极速安装"按钮即可，如图9-2所示。

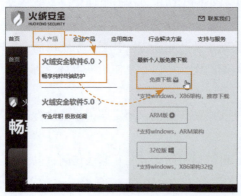

图 9-1

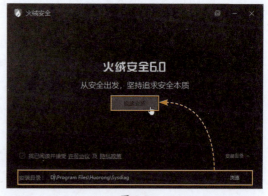

图 9-2

9.2.3 病毒查杀

查杀病毒一直是安全软件的首要功能。下面介绍使用火绒安全软件查杀病毒的步骤。一般在进行病毒查杀前，需要先升级病毒库。

步骤01 打开软件主界面,单击"检查更新"按钮,如图9-3所示。

步骤02 为火绒更新病毒库,完成后,如图9-4所示。

图 9-3

图 9-4

步骤03 单击"快速查杀"按钮,可以看到还有"全盘查杀"和"自定义查杀"。这里单击"快速查杀"按钮,如图9-5所示。此时火绒会对包括引导区、系统进程、启动项、服务与驱动、系统组件以及系统关键位置进行查杀,如图9-6所示。

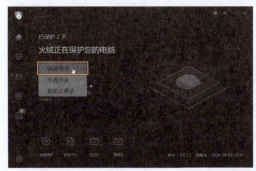

图 9-5

图 9-6

扫描完成后会弹出扫描报告,可以查看扫描的结果。对扫描出来的病毒或者木马进行隔离或删除处理。

> **知识点拨**
>
> **三种扫描方式的区别**
>
> 快速查杀主要扫描系统关键位置,速度较快,但不全面,随时可以进行。全盘查杀扫描系统中所有的位置和硬盘中的所有文件等,全面但速度较慢,建议一周扫描一次即可。自定义扫描会手动设置扫描的内容,比较灵活,可以设置一些下载目录进行扫描。通常的安全软件有这三种扫描模式。用户可根据实际情况选择扫描方式。

9.2.4 使用火绒管理网络

火绒软件本身除了防毒杀毒外,还包含防火墙的功能,可以对网络中的流量进行监控。下面介绍使用火绒管理网络的操作。

1. 使用火绒禁止程序联网

使用火绒可以禁止某些程序连接网络，从而将木马和恶意软件的网络连接阻断。下面介绍具体的操作。

步骤01 在火绒主界面，从"防护中心"的"系统防护"中找到并启用"联网控制"，单击"设置"按钮，如图9-7所示。选择应用程序联网时的处理方法，单击"自动处理规则"选项卡，如图9-8所示。

图 9-7　　　　　　　　　　　　图 9-8

步骤02 单击"添加"按钮，手动选择程序或者从列表中选择需要控制联网的程序，设置程序联网时的处理方式，单击"保存"按钮，如图9-9所示。

步骤03 返回后，也可以对列表中的程序设置处理方式，如图9-10所示。

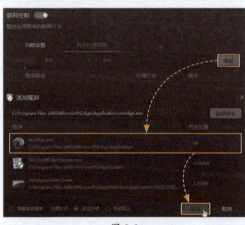

图 9-9　　　　　　　　　　　　图 9-10

如果处理方式为"自动阻止"，那么该程序就无法连接网络。

> **知识点拨**
>
> **新联网程序的手动控制**
>
> 除了手动添加外，一些新程序连接网络时也会自动弹出联网控制，用户可以手动选择处理方式。

2. 使用火绒限制程序联网速度

除了控制某些程序联网，火绒还可以限制程序的联网速度，限制一些占用带宽较多的程序，提升网络质量，优化网络速度。

步骤01 在火绒主界面，从"安全工具"中找到并启动"流量监控"功能，如图9-11所示。

步骤02 在列表中，可以查看所有的联网程序，当前的下载、上传速度以及连接数。单击进程前的下拉按钮，可以查看该程序的进程ID号，通过后面的"…"按钮，可以定位文件、查看文件属性、结束进程、查看其连接以及取消限速，如图9-12所示。

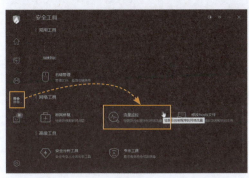

图 9-11

图 9-12

步骤03 单击某个程序后的"限制网速"链接，打开"限速程序"界面，可以设置下载和上传的速度，默认为"无限制"，可以单击下拉按钮，设置下载和上传速度，也可以手动输入，默认单位为"KB/s"，如图9-13所示。设置完毕后，保存即可。

步骤04 在"历史流量"选项卡中，可以查看所有的流量记录，如图9-14所示。

图 9-13

图 9-14

禁止程序联网

其实在这里也可以禁止程序联网。将上传及下载速度设置为"禁止上传"及"禁止下载"后，该程序就无法联网了。

动手练 使用火绒禁止程序启动

火绒也可以管理系统中的应用程序，禁止某些程序启动。在火绒主界面中，找到并启动"程序执行控制"，如图9-15所示。启动该功能，并切换到"自定义规则"选项卡中，单击"添加"按钮，如图9-16所示。

图 9-15

图 9-16

输入程序路径或手动查找该程序，也可以从列表中选择该程序，保存即可，如图9-17所示。这样该程序就无法启动了，并且弹出提示信息，如图9-18所示。

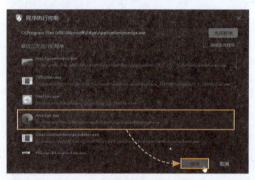

图 9-17

图 9-18

9.3 使用第三方系统管理优化软件

对于新手用户来说，常因找不到相应的优化设置而苦恼。因此第三方计算机综合管理软件应运而生。该类软件包含了大多数常见的管理优化等功能。用户只需要根据引导提示，就能够快速准确地对计算机进行综合管理。常见的第三方管理软件有电脑管家、360安全卫士等。它们不仅提供很多计算机管理方面的功能，还带有计算机防护功能。下面以常见的系统管理优化软件为例，介绍具体的操作方法。

9.3.1 认识腾讯电脑管家

腾讯电脑管家是腾讯公司推出的免费安全软件，拥有云查杀木马、系统加速、漏洞修复、实时防护、网速保护、电脑诊所、健康小助手、桌面整理、文档保护等功能，基本上满足用户的管理需求。用户可通过腾讯官网下载该软件，如图9-19所示。软件的安装向导也非常简单,如图9-20所示。

图 9-19

图 9-20

9.3.2 使用腾讯电脑管家优化系统

腾讯电脑管家在主界面中,将功能分成了几个板块,包括病毒扫描、空间清理、权限管理和软件市场。用户可以进行安全扫描,来查毒和杀毒。下面主要介绍使用腾讯电脑管家对计算机进行空间清理和权限管理的相关操作。

1. 垃圾清理

计算机在运行中会产生一些临时文件、软件卸载残留、空文件夹等,对系统的运行有一定影响。Windows系统本身带有简单的清理工具,但是清理的内容较少,有些功能对用户也不是特别友好。这时,可以使用腾讯电脑管家清理这些垃圾文件,简单、方便且安全。

步骤01 在主界面中单击"空间清理"卡片,如图9-21所示。

步骤02 在"一键清理"选项卡中单击"一键扫描"按钮,如图9-22所示。

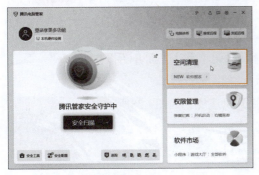

图 9-21

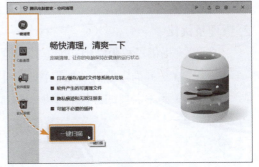

图 9-22

步骤03 在扫描结果界面中,可以根据需要选择需要清理的内容,单击"立即清理"按钮,即可清理选中的垃圾文件,如图9-23所示。

步骤04 在"C盘清理"选项卡中单击"一键分析"按钮,如图9-24所示。

图 9-23

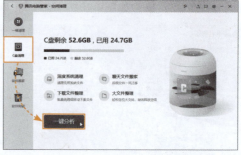
图 9-24

步骤05 在结果中，可以看到操作系统中一些功能和筛选出的缓存文件等，根据需要选择关闭的功能或者删除的文件，如图9-25所示。

步骤06 从"软件搬家"选项卡中，可以将安装到系统分区的软件，移动到其他分区中，给系统分区瘦身，以免系统分区剩余空间过小，如图9-26所示。

图 9-25　　　　　　　　　　　图 9-26

注意事项 清理前必做的工作

无论在清理还是优化前，有必要对系统中一些重要的文件进行备份，防止重要的文件被误删除。

2. 管理及优化

电脑管家提供了权限管理功能，提供管理及优化工具。下面介绍操作方法。

步骤01 在主界面中单击"权限管理"卡片，如图9-27所示。

步骤02 关闭不需要的开机启动项以加快开机速度，如图9-28所示。

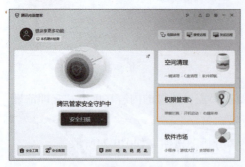
图 9-27

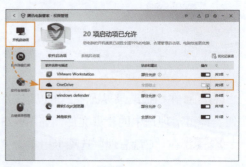
图 9-28

步骤03 开启"弹窗拦截"后,电脑管家可以拦截系统中的弹窗广告,如图9-29所示。

步骤04 在"右键菜单管理"中,可以自定义右击所弹出的内容,如图9-30所示。

图 9-29

图 9-30

> **知识点拨**
>
> **"软件安装提示"的作用**
>
> 在"软件安装提示"中,如果有软件自动下载安装,这里都会有提示。用户可以知道哪些软件属于流氓软件,从而尽快进行卸载。

9.3.3　使用Windows 11 Manager优化系统

　　Windows 11 Manager是Windows 11中集所有功能于一身的实用工具,包括40多个不同的实用程序,用于优化、调整、清理、加快和修复操作系统,可以让系统的执行速度更快,消除系统故障,提高稳定性和安全性。用户可以到官网下载及安装该软件。安装后,软件会自动创建一个系统还原点以方便还原。下面介绍使用方法。

　　在主界面中,可以创建系统还原、查看系统信息、进行进程管理、监控系统硬件性能及维修中心等。单击"优化向导"按钮,软件会以向导的形式向用户询问需要优化及设置的内容。用户可以根据实际情况来配置和使用,如图9-31和图9-32所示。

图 9-31

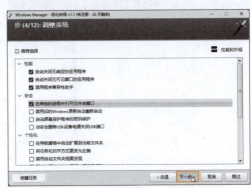

图 9-32

在"优化器"选项卡中,可以对系统速度、启动管理器以及计划任务等进行配置和管理,如图9-33所示。在"清理器"选项卡中,可以使用磁盘分析器、组件商店清理器等进行磁盘清理、组件商店卸载、桌面及垃圾文件清理、注册表清理等操作,如图9-34所示。

图 9-33　　　　　　　　　　　图 9-34

动手练 使用DISM++优化系统

DISM++是一款强大的Windows优化工具,可以帮助用户优化系统、C盘瘦身、垃圾管理、启动管理、系统安装、系统备份还原、软件管理等功能、卸载无用的程序等。另外,它的系统安装、系统备份也是常用的功能。

步骤01 软件是绿色版本。下载该软件后,从文件夹中找到主程序,启动即可。在主界面中,进入"空间回收"选项卡中,勾选需要清理的内容,扫描后,执行清理即可,如图9-35所示。

步骤02 在"启动项管理"选项卡中可以关闭不需要的开机启动项目,如图9-36所示。

 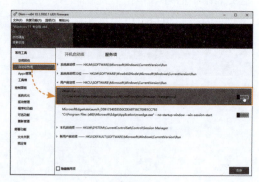

图 9-35　　　　　　　　　　　图 9-36

步骤03 进入"系统优化"选项卡中,根据需要,进行系统的优化配置,如图9-37所示。在"驱动管理"选项卡中可以导出备份驱动,也可添加驱动,如图9-38所示。

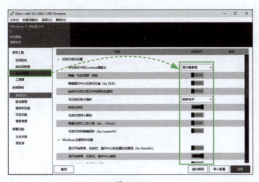

图 9-37　　　　　　　　　　　　　　图 9-38

步骤04 在"程序和功能"选项卡中可以卸载不需要的程序，如图9-39所示。在"文件关联"选项卡中可设置不同扩展名文件的打开方式，如图9-40所示。

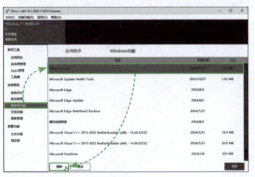 

图 9-39　　　　　　　　　　　　　　图 9-40

9.4　驱动管理软件

驱动程序简称驱动，是一种特殊的软件程序。它就像是一座桥梁，连接计算机的硬件和操作系统。有了驱动，操作系统才能识别并控制硬件设备，实现各种功能。Windows 11的"更新"可以自动下载和安装各个硬件厂商在微软注册的驱动程序，但无法对驱动进行备份和管理，所以还需要一些驱动管理工具。另外当Windows 11的某些驱动，尤其是网卡驱动出现故障时，使用第三方驱动的"万能网卡版"可以自动安装网卡驱动，让系统可以连接网络。下面介绍常见的第三方驱动管理软件。

9.4.1　360驱动大师简介

360驱动大师是一款非常受欢迎的计算机驱动管理工具，可以帮助用户轻松地检测、更新和管理计算机中的各种驱动程序，确保计算机硬件始终保持最佳性能。用户可以在官网中下载360驱动大师的网卡版，如图9-41所示。安装即可，如图9-42所示。

图 9-41　　　　　　　　　　　　图 9-42

9.4.2　驱动的安装

如果系统缺少网卡驱动或不能识别网卡，360驱动大师可以在运行时自动安装网卡驱动，以便计算机可以联网。下面介绍使用360驱动大师安装驱动的过程。

启动360驱动大师，在"驱动安装"选项卡中，如果检测出系统缺少某些驱动，可以在这里安装驱动。完成驱动安装后，如图9-43所示。

图 9-43

> **知识点拨**
>
> **360驱动大师优化系统**
>
> 在"全面诊断"选项卡中，可以查看及修复系统中出现的各种问题，如图9-44所示。
>
> 图 9-44

182

动手练 备份及还原驱动

为了在系统故障时，重新安装驱动，或者在重新安装操作系统后，快速安装驱动，可以在360驱动大师中备份驱动，在需要时再使用该软件还原驱动即可。

步骤01 在"驱动管理"选项卡中勾选需要备份的驱动，单击"开始备份"按钮，如图9-45所示。

步骤02 如果需要还原驱动，可以切换到"驱动还原"选项卡，单击需要还原驱动右侧的"还原"按钮，进行驱动的还原，如图9-46所示。

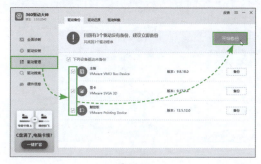

图 9-45

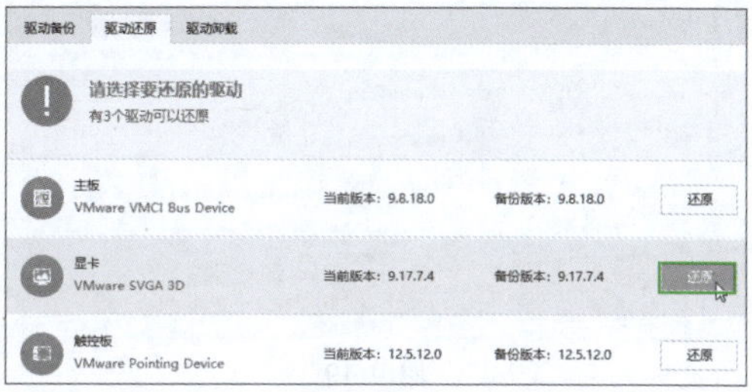

图 9-46

在"驱动卸载"选项卡中，可以卸载某个硬件的驱动，以便重新安装驱动或者安装其他的驱动来解决某些硬件的故障，如图9-47所示。

图 9-47

知识点拨

搜索及下载驱动

360驱动大师还有一个实用功能，就是搜索及下载驱动。用户可以在"搜索驱动"选项卡中，输入搜索的硬件型号或者驱动名称的关键字，列出所有符合条件的驱动。用户在这里可以下载驱动，然后为本机或其他计算机安装驱动，如图9-48所示。

图 9-48

知识延伸：使用系统自带功能进行管理与优化

Windows系统自带一些管理和优化的功能组件，使用起来方便快速。

步骤01 用户可以搜索并启动"存储设置"。在这里可以开启"存储感知"，自动删除临时文件，如图9-49所示。

步骤02 在"临时文件"中，可以清理扫描出的垃圾文件，如图9-50所示。

图 9-49

图 9-50

步骤03 搜索并启动"启动应用"。在这里可以关闭一些开机启动项目，如图9-51所示。

步骤04 在"设置"的"隐私和安全性"中，可以关闭一些敏感隐私设置，并且关闭一些应用的权限，如图9-52所示。

图 9-51

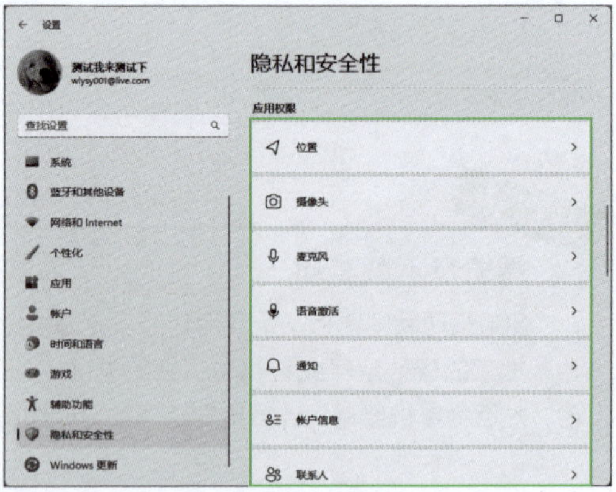

图 9-52

步骤05 在系统中搜索"默认应用"。启动组件后，可以在这里搜索并修改一些默认文件的打开方式，如图9-53所示。

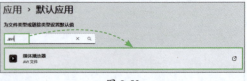

图 9-53

第10章
计算机及手机虚拟化软件

　　计算机软件中有一类特殊软件，利用虚拟化技术在正常计算机上模拟独立的计算机系统。这种功能通常用于科学实验、搭建服务器、测试病毒、评估系统稳定性和尝试新系统等，各类专业人员和特定行业从业人员应掌握。虚拟化技术的主要应用于服务器，可以虚拟出多套系统以供使用，从而节约成本并方便管理。此外，手机的安卓系统也支持虚拟化，可以在计算机上模拟手机环境。

10.1 模拟器软件

计算机模拟器，顾名思义，就是让宿主计算机模拟其他计算机，供用户使用。常见的虚拟机软件有VirtualBox、VMware Workstation Pro、Microsoft Hyper-V等。其中比较稳定、功能较全、使用较多的就是VMware Workstation Pro（以下简称VM）。下面介绍该软件的下载安装方法。

10.1.1 认识VMware Workstation Pro

VMware Workstation Pro（中文名"威睿工作站"）是一款功能强大的桌面虚拟计算机软件，提供在单一的桌面上同时运行不同的操作系统，进行开发、测试、部署新应用程序的最佳解决方案。VMware Workstation Pro（以下简称VM）可在一部实体机器上模拟完整的网络环境，以及可便于携带的虚拟机器，其更好的灵活性与先进的技术胜过了其他的虚拟计算机软件。对于企业的IT开发人员和系统管理员而言，VM在虚拟网络、实时快照、拖曳共享文件夹、支持PXE等方面的特点使它成为必不可少的工具。VM对个人用户已经免费，用户需要到官网中注册并下载该软件，如图10-1所示。

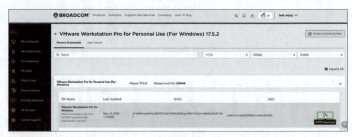

图 10-1

下载完毕后，用户可以启动安装程序，通过安装向导进行安装，如图10-2所示。安装完毕后，可以启动并进行设置和系统安装，如图10-3所示。

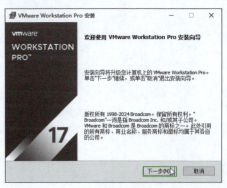

图 10-2

图 10-3

10.1.2 VM常用功能介绍

VM的主要功能就是模拟计算机。可以在单独的计算机上模拟多个不同系统、不同环境的计算机。可以快速打造实验环境和网络环境，对于普通用户而言也是非常实用的。VM的主要特点如下。

- 可以在不需要分区或者重新开机的情况下，在一台计算机上同时使用两种以上的操作系统。如用户可以在VM中安装Linux系统进行学习，而不必担心会对当前的Windows有影响。
- 默认情况下VM与真实机是独立的。用户可以在虚拟机中测试系统，测试病毒。
- 在网络学习或者需要搭建靶机进行网络测试时，使用VM是非常方便快捷的选择。
- VM可以拍摄任意时刻的快照。在出现各种问题后，可以随时还原到该状态。
- VM可与真实机共享文件。安装VMware Tools后，可随时拖曳文件进行传递。
- 使用Unity模式，真实机可以无感使用VM中的各种程序，和使用本机程序一样。
- VM还可以复制已经安装的系统，省去了反复安装系统的麻烦。

接下来向读者介绍一些VM中的核心特色功能，用户可以根据需要选择使用。

1. VMware Tools

虚拟机安装好操作系统后，建议安装VMware Tools，也就是VM工具。安装后，虚拟机可以支持自动调整系统的分辨率，可在真实机和虚拟机文件之间通过拖曳复制文件。进入VM安装的系统后，用户可以在菜单中单击"虚拟机"，从中选择安装或者更新VM工具，如图10-4所示。接下来VM自动加载并弹出VM工具的安装向导，用户按照向导提示进行安装即可。如果未弹出，用户可进入"此电脑"中，双击虚拟光驱加载的VM工具，启动安装向导，如图10-5所示。

图 10-4

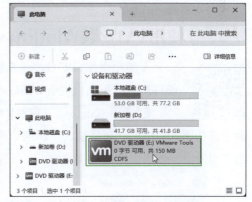

图 10-5

2. 快照功能

快照功能类似于系统的备份与还原，但更加简单方便。用户在虚拟机中安装好系统或者在系统正常的情况下，从"虚拟机"菜单中的"快照"中，直接备份系统当前状态，就叫做拍摄快照，如图10-6所示。还可以进入"快照管理器"中管理快照。

在虚拟机中的系统发生故障或者根据实验需要时，可以快速恢复到创建快照时的状态。用户可以创建多个不同的快照，在快照之间任意切换，来进行不同的实验。

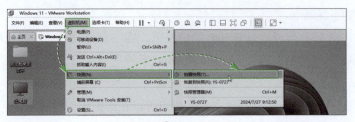

图 10-6

3. 高级网络

可以按照实验的要求为VM设置网络，以及各种网络参数，如DHCP分配的网段、IP、网关等内容来匹配各种网络和系统实验要求，非常灵活，如图10-7和图10-8所示。

图 10-7

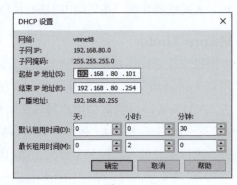

图 10-8

动手练 使用VM安装Windows 11系统

在使用虚拟机安装操作系统前，需要针对不同的操作系统对虚拟机进行硬件配置。下面以安装Windows 11的VM配置为例，介绍配置过程。

步骤01 双击图标，启动VM。在主界面中执行"文件"|"新建虚拟机"命令，如图10-9所示。在启动的"新建虚拟机向导"中，选择"自定义"单选按钮，单击"下一步"按钮，如图10-10所示。

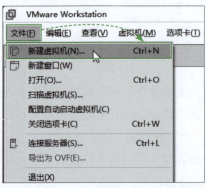

图 10-9

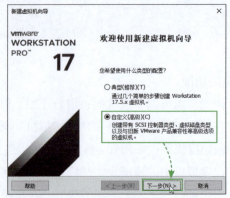

图 10-10

典型安装

典型安装主要针对主流Windows和Linux的安装进行了优化，只需要提前配置一些关键参数，就可以无人值守安装。但如果实验有要求，或者对硬件配置有特殊需求，建议还是使用自定义的方式进行安装。

步骤02 选择兼容性，保持默认参数，单击"下一步"按钮，如图10-11所示。

步骤03 选择"稍后安装操作系统"单选按钮，单击"下一步"按钮，如图10-12所示。

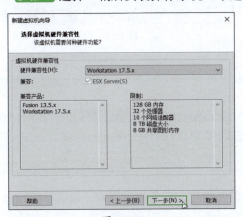

图 10-11

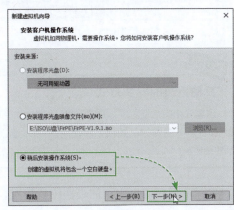

图 10-12

步骤04 选择安装的操作系统大类，并从"版本"中选择要安装的具体版本。本例选择"Microsoft Windows"中的"Windows 11 x64"，单击"下一步"按钮，如图10-13所示。

步骤05 设置安装该操作系统的虚拟机的名称（可以理解为独立的操作系统名称），存储的位置，完成后单击"下一步"按钮，如图10-14所示。

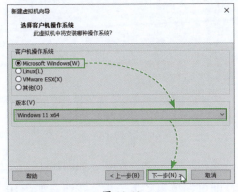

图 10-13

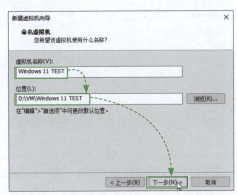

图 10-14

步骤06 因为Windows 11对硬件有要求，需要TPM的支持。VM需要通过可信任平台模块来创建TPM。这里需要为TPM设置加密密码，单击"下一步"按钮，如图10-15所示。设置引导设备的固件类型，保持默认，单击"下一步"按钮，如图10-16所示。

图 10-15　　　　　　　　　　　　　　图 10-16

> **知识点拨**
>
> **其他系统的安装方式**
>
> 这里介绍的是使用原版镜像安装 Windows 11，所以需要检测硬件。其他的系统如 Windows 10 或 Linux 是不需要的。如果不想使用这种加密，可以制作启动 PE，并使用前面介绍的部署方法安装 Windows 11。

步骤07 根据用户主机的真实配置情况，以及整个实验的硬件需求，设置分配给虚拟机使用的处理器及内核数量，单击"下一步"按钮，如图10-17所示。

步骤08 设置虚拟机可使用的最大内存容量，单击"下一步"按钮，如图10-18所示。

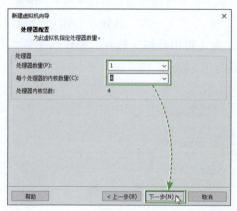
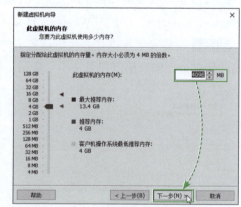

图 10-17　　　　　　　　　　　　　　图 10-18

步骤09 设置虚拟机的联网方式，保持默认，单击"下一步"按钮，如图10-19所示。

步骤10 设置"I/O控制器类型"，保持推荐即可，单击"下一步"按钮，如图10-20所示。

步骤11 设置虚拟磁盘类型，保持推荐值，单击"下一步"按钮，如图10-21所示。

步骤12 选择磁盘的使用方式，保持默认"创建新虚拟磁盘"，单击"下一步"按钮，如图10-22所示。

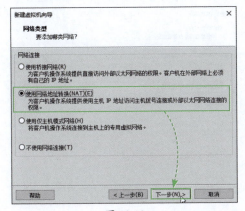
图 10-19

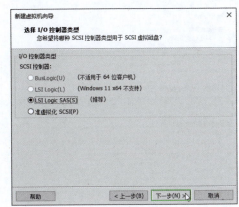
图 10-20

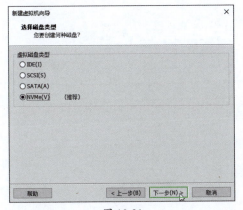
图 10-21

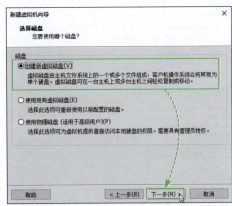
图 10-22

> **知识点拨**
>
> **虚拟机网络模式**
>
> 桥接网络指VM和真实机网络逻辑地位相同,都是从路由器获取网络参数。网络地址转换(NAT)指虚拟机作为真实机的下级,从真实机获取网络参数,并通过真实机共享上网。仅主机模式指该虚拟机和真实机在同一虚拟局域网中。用户可以根据实验要求,选择不同的网络模式,配合前面的网络参数配置,可以模拟很多不同的实验环境。

步骤13 设置虚拟硬盘的大小,选择"将虚拟磁盘拆分成多个文件"单选按钮,单击"下一步"按钮,如图10-23所示。

步骤14 设置磁盘虚拟文件名称,以方便识别和进行其他操作,单击"下一步"按钮,如图10-24所示。

步骤15 单击"自定义硬件"按钮,如图10-25所示。

步骤16 选择"新CD/DVD(SATA)"选项,选择"使用ISO映像文件"单选按钮,单击"浏览"按钮,选择下载的ISO映像文件,返回后,单击"关闭"按钮,如图10-26所示。

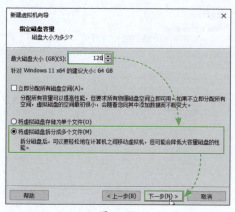

图 10-23

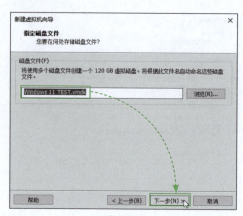

图 10-24

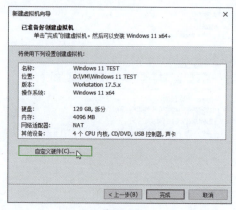

图 10-25

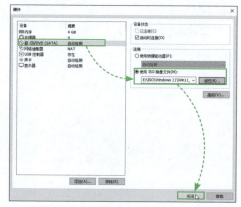

图 10-26

返回图10-25的界面，查看所有的配置参数，确认无误后，单击"完成"按钮，完成虚拟机的安装配置操作。回到VM的主界面，可以看到创建好的虚拟机Windows 11 TEST。单击"启动"按钮，启动该虚拟机，如图10-27所示。稍等即可进入系统安装向导界面中。用户可以按照前面介绍的方法，在虚拟机中安装Windows 11系统，如图10-28所示。

图 10-27

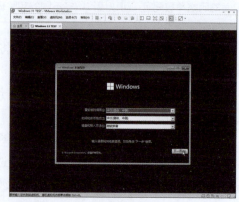

图 10-28

10.2 手机模拟器软件

手机模拟器软件可以在计算机上模拟安卓手机的环境，用来运行各种App。手机模拟器软件有很多，比如蓝叠模拟器、雷电模拟器、逍遥模拟器等。本节以雷电模拟器为例，介绍手机模拟器的使用方法。

10.2.1 雷电模拟器简介

雷电安卓模拟器是一款功能强悍的模拟安卓手机的工具，支持32位/64位的计算机系统，能够帮助用户在计算机上运行安卓程序、游戏等，兼容性强，运行速度相当流畅。雷电模拟器支持一键宏设置、虚拟化技术大全、小号多开等功能，满足玩家的多种操作需求。

用户可以在官网中下载该模拟器的安装程序，如图10-29所示。下载完毕，可以启动安装向导进行安装，如图10-30所示。

图 10-29

图 10-30

10.2.2 雷电模拟器的使用

在安装雷电模拟器后，自动启动该软件。雷电模拟器的使用和手机类似，但因为是模拟的关系，有些操作和手机略有不同。下面介绍雷电模拟器的一些常见操作。

1. 界面尺寸修改

雷电模拟器运行后，界面类似于平板，可以按照下面的方法修改为手机模式。

步骤01 单击右上角"菜单"按钮，从列表中选择"软件设置"选项，如图10-31所示。

步骤02 在"性能设置"中切换到"手机版"选项卡，设置界面为540×960，设置分配的CPU和内存参数，单击"保存设置"按钮，如图10-32所示。

图 10-31

步骤03 返回主界面会提示用户重启,单击"立即重启"按钮,如图10-33所示。

步骤04 重启后,雷电模拟器界面变成了常见的手机尺寸,如图10-34所示。

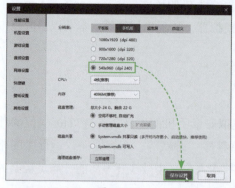

图 10-32

图 10-33

图 10-34

2. 安装 App

手机模拟器最重要的就是安装各种App,在计算机中运行。安装App的方法很多,主要是在App市场下载APK安装包,如图10-35所示。然后通过拖曳的方式拖动到模拟器中安装,如图10-36所示。安装完毕后,单击软件图片启动,然后即可使用该App,操作和手机一致。

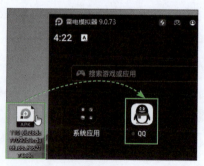

图 10-35

图 10-36

> **知识点拨**
>
> **其他安装方式**
>
> 除了将APK包拖入模拟器中安装外,也可以双击APK包,自动安装到模拟器中,还可以单击侧边栏的"安装APK"按钮,从计算机中选择APK包,或者使用手机扫描二维码上传APK包。

除了下载APK包以外，还可以为模拟器安装类似于手机的应用市场，如图10-37所示。进入应用市场，选择对应的App进行自动下载与安装，如图10-38所示。

图 10-37

图 10-38

3. 分享文件

因为是模拟器，所以在模拟器和计算机之间传输文件，使用文件就和手机不同。下面介绍如何让两者直接共享及使用文件。

步骤01 在雷电模拟器右侧边栏找到并单击"更多"按钮，从列表中单击"共享文件"按钮，如图10-39所示。此时弹出两个按钮，一个是启动电脑的共享文件夹，一个是安卓系统中的文件夹，如图10-40所示。

图 10-39

图 10-40

> **知识点拨**
>
> **修改共享路径**
>
> 单击"高级功能"按钮，从弹出的列表中，可以修改计算机端的共享文件夹路径。

步骤02 用户在计算机端，将需要使用的文件、程序等放置在计算机文件夹中，如图10-41所示。在对应的安卓文件夹中，就可以找到并使用这些文件，如图10-42所示。反过来也可以。

图 10-41

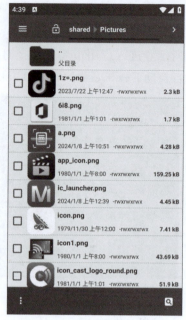

图 10-42

4. 设置快捷按键

设置快捷按键对于有些用户来说非常方便。用户可以启动游戏，然后在侧边栏单击"按键"按钮，如图10-43所示。在弹出的界面中，将需要的功能拖入主界面中，根据提示设置快捷键、调整参数等，如图10-44所示。最后单击"保存"按钮保存配置即可。

图 10-43

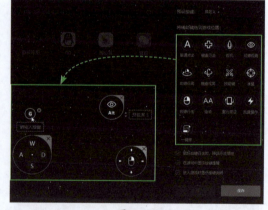

图 10-44

5. 其他功能

除了以上常见的操作外，雷电模拟器还提供一些特色功能，如"同步器"可以同步多台雷电模拟器来执行相同的操作。使用"操作录制"功能可以录制一些脚本，让雷电模拟器自动运行一些常规的操作，如图10-45所示。另外还可以让手机控制模拟器，但需要安装远程组件，如图10-46所示。

图 10-45

图 10-46

另外雷电模拟器还可以连接手柄，使用手柄控制或者玩游戏。由于使用的是计算机的高性能CPU，所以在速度、效果方面非常出色，不需要考虑电池、发热、网络延时、卡顿等问题，非常适合沉浸式手机用户使用。

动手练 雷电模拟器的多开设置

雷电模拟器同一时间可以启动多个实例，不同模拟器之间相互独立，互不干扰。对于需要多个模拟器的用户来说非常实用。

启动雷电多开程序，或者在主界面中启动多开器，如图10-47所示。在主界面中单击"新建模拟器"或"复制模拟器"按钮后打开对话框，根据需要新建模拟器，或者选择现有的模拟器进行复制，这样新创建的模拟器包括其中的App都会复制下载，不用再次安装，非常方便，如图10-48所示。在这里可以批量删除已经创建的系统。

图 10-47　　　　　　　　　　　　　　图 10-48

知识点拨

多开设置

在"多开设置"中可以设置多开时的一些参数和优化设置，包括帧数、多开模式、虚拟磁盘模式、自动排列方式等。

知识延伸：Windows系统的其他的虚拟机

Windows操作系统中有两款虚拟机产品，分别是Hyper-V以及安卓子系统。

Hyper-V是微软公司的一款虚拟化产品，如图10-49所示。Hyper-V是微软公司第一个采用类似VMware ESXi和Citrix Xen的基于Hypervisor的技术，而且被集成在Windows操作系统中，可以与系统深入融合，速度非常快，可以随时安装和使用，非常方便。

默认Hyper-V已经被集成，但没有被启用。如图10-50所示，用户可以搜索"启用或关闭Windows功能"，勾选"Hyper-V"复选框并确定后，就可以启动该功能。但在家庭版中不包含此功能，需要使用的用户建议安装专业版。

图 10-49

图 10-50

Windows的安卓子系统项目已经暂时下线。腾讯移动引擎采用安卓子系统的WSA原生方案，推出了应用宝，如图10-51所示。有兴趣的读者可以尝试使用，其基本操作与安卓子系统的操作类似。

图 10-51

第11章
人工智能工具的使用

　　人工智能技术是让机器像人一样思考和学习的技术,综合了计算机科学、数学和统计学等多个学科,旨在模拟和扩展人类智能,完成一些传统上只有人类能完成的任务。近年来,随着人工智能的发展,涌现出许多智能工具,并在各个领域不断完善。本章详细介绍一些主流的人工智能工具及其使用方法。

11.1 AI简介

在前面介绍常用工具时，涉及部分智能工具的使用。下面重点介绍人工智能技术的特色，以及不同领域中人工智能工具的使用方法。

11.1.1 认识AI

人工智能（Artificial Intelligence，AI），是一门致力于研究、开发用于模拟、延伸和扩展人类智能的理论、方法、技术及应用系统的新的技术科学。它是智能学科的重要组成部分，企图了解智能的实质，并生产一种新的以人类智能相似的方式做出反应的智能机器。经过近几年的高速发展，AI已经逐渐涉足人们生产生活的各个方面。

1. 人工智能的主要分支

人工智能发展到今天，已经形成了很多分支，主要如下。

（1）机器学习（Machine Learning，ML）。ML是人工智能的核心，让机器可以通过数据学习，而不需要被明确地编程。常见的机器学习算法包括监督学习（比如分类、回归）、无监督学习（比如聚类、降维）和强化学习（比如AlphaGo）。

（2）深度学习（Deep Learning）。深度学习是机器学习的一个子领域，模仿人脑的神经网络结构，通过多层神经网络处理复杂的数据。深度学习在图像识别、自然语言处理等领域取得了非常好的效果。

（3）自然语言处理（Natural Language Processing，NLP）。NLP让机器能够理解和生成人类语言。比如机器翻译、情感分析、聊天机器人等。

（4）计算机视觉（Computer Vision）。计算机视觉让机器能够"看懂"图像和视频，比如人脸识别、物体检测、图像分割等。

（5）机器人学（Robotics）。机器人学是研究设计、制造、应用和控制机器人的科学。人工智能让机器人变得更加智能，能够适应复杂的环境，完成更复杂的任务。

> **知识点拨**
>
> **神经网络**
>
> 神经网络是一种模仿生物神经网络结构和功能的数学模型或计算模型，由大量的人工神经元联结进行计算。通俗来说，神经网络就是一种试图模仿人脑的计算方式，让机器能够像人一样学习和思考。神经网络是实现人工智能的一种重要方法。

2. 人工智能的应用场景

人工智能的应用场景非常广泛，几乎渗透了我们生活的方方面面。比如下列场景。

- **医疗**：辅助诊断、药物研发、手术机器人。
- **金融**：风险评估、欺诈检测、智能投顾。

- **交通：** 自动驾驶、交通流量预测。
- **制造业：** 智能制造、质量控制。
- **零售：** 个性化推荐、智能客服。
- **娱乐：** 游戏AI、智能音箱。
- **教育：** 智能教学、个性化学习。

3. 人工智能的发展趋势

人工智能的发展日新月异，未来还会有很多新的突破。目前主要有以下几个趋势。

- **大模型：** 随着计算能力的提升和数据的增长，大模型在各个领域展现出强大的能力，如GPT-4、BERT等。
- **多模态：** 人工智能将更加擅长处理不同类型的数据，如文本、图像、视频等，实现多模态的理解和生成。
- **可解释性：** 人工智能的可信任度越来越高，因此提高人工智能模型的可解释性成为一个重要的研究方向。

11.1.2　AI应用领域与工具

随着人工智能技术的飞速发展，越来越多的AI工具涌现出来，它们在各个领域发挥着越来越重要的作用。这些工具不仅能提高工作效率，还能创造令人惊叹的成果。下面介绍一些AI的应用领域和其中比较有代表性的AI工具。其实AI可以完成的工作更多，在应用中也有很多重叠的部分。

1. 文本生成与处理

现在大部分AI提供的都是文本生成与处理，通过文本对话与用户交流。

- **ChatGPT：** 由OpenAI开发的大型语言模型，能够生成文本、翻译语言、编写不同类型的创意内容，并回答用户问题。
- **Jasper.ai：** 专注于营销文案生成的AI工具，可以快速生成高质量的广告文案、博客文章、社交媒体内容等。
- **Grammarly：** 一款AI驱动的写作辅助工具，能帮助用户纠正语法错误、优化用词、提高写作水平。

> **知识点拨**
>
> **如何选择适合自己的AI工具？**
>
> 要选择适合自己的AI工具，需要考虑以下因素：工具是否能满足用户的具体需求，工具的操作是否简单，是否有友好的用户界面，工具的价格是否在用户的预算范围内，工具是否能与用户现有的工具或系统进行集成。

2. 图像生成与处理

AI除了用文本进行询问与回答外，还可以通过文本生成图像。

- **Midjourney、Stable Diffusion：** 通过文本描述生成各种风格的图像，可用于艺术创作、设计等领域。
- **Adobe Firefly：** Adobe推出的生成式AI工具，可以用文字描述创建各种图像，如文字样式、纹理、图片、3D效果等。
- **Runway ML：** 一个基于机器学习的创意工具，可用于创建视频效果、图像生成、音频处理等。

3. 代码生成与辅助

使用AI工具可以按照用户要求生成对应的代码，辅助用户进行编程。

- **GitHub Copilot：** 由GitHub和OpenAI共同开发的AI编程助手，可以根据代码上下文自动生成代码建议。
- **Tabnine：** 一款智能代码补全工具，能根据代码上下文提供代码建议，提高编码效率。

4. 数据分析与可视化

AI可以对数据进行快速分析，并按照用户需要转换为易于理解的图形、图表等，为决策系统提供支持。

- **Tableau：** 一款强大的数据可视化工具，可以将复杂的数据转换为易于理解的图表和仪表盘。
- **Power BI：** 微软开发的商业智能和数据分析平台，可以连接各种数据源，创建交互式报表。

> **知识点拨**
>
> **其他领域**
>
> 除了以上介绍的几点，在其他领域也有很多AI工具在为用户服务。
> - **语音助手：** 如Siri、Alexa、小度，能够通过语音指令完成各种任务。
> - **自动驾驶：** 特斯拉、Waymo等公司在研发自动驾驶技术，利用AI来感知环境、做出决策。
> - **医疗影像分析：** AI可以帮助医生更准确地诊断疾病，如癌症、心血管疾病等。

11.1.3 常见的AI工具及特点

国内的AI虽然起步稍晚，但发展势头强劲。在应用厂商的优化下，更适合国内的使用环境和国人的使用习惯。国内常见的AI工具主要有以下几种。

1. 豆包

豆包由字节跳动公司开发，具备智能问答、文本创作、图片生成（目前仅支持在

App端使用)等功能,可进行中文(包括古文)的处理,语言生成能力较强。其设计初衷是成为日常AI小助理,可在用户需要时提供情绪支持或倾听安慰。目前还在不断优化和改进,以提升智能性和人性化程度,增加更多功能和内容来解决用户的问题和需求。

2. 文心一言

文心一言是百度推出的知识增强型大规模语言模型。它可以是工作中的超级助理,帮忙写文章、想文案、做报告等;也可以是学业上的导师,解答专业知识、撰写论文大纲等;还可以陪用户聊天互动、答疑解惑。

3. 通义千问

通义千问是阿里云研发的大型预训练语言模型,能够根据不同问题进行快速且较为准确的回答,显示出一定的灵活性。它具备强大的自然语言处理能力与广泛的知识覆盖面,支持多轮对话和编程能力,在多个权威测评中表现出色。

4. 智谱清言

智谱清言基于清华大学keg实验室和智谱AI公司共同训练的语言模型开发,支持多轮对话,能进行连贯的交流和对话,具备内容创作、信息归纳总结、实时搜索和数据分析的能力。

5. 讯飞星火

讯飞星火是由科大讯飞推出的、集多种功能于一体的AI产品,具备跨领域的知识和语言理解能力,不仅文字交流无障碍,还能实现语音与文字的无缝转换。同时,它还提供丰富的插件功能,如PPT生成、代码优化、思维导图、短视频脚本等。

6. Kimi Chat

Kimi Chat是月之暗面(moonshotai)推出的人工智能聊天助手,支持长达20万汉字的超长文本输入,可处理长文本对话,还提供文件和网页解析功能,具备搜索能力,支持多语言对话,能提供各种信息和帮助,适用于多种场景。

7. Dreamina

Dreamina是字节跳动旗下剪映平台推出的AI创作工具,支持图片生成功能,可根据文字生成创意图,还能对生成的图片进行修整,包括调整大小比例和选择模板类型等。它在动效方面表现出色,具有"做同款"功能。

8. 笔灵 AI 写作

笔灵AI写作是一个全能型AI创作助手,只需输入简单要求和描述,就能自动生成各种文稿内容。包含"AI模板写作""AI对话""专家对话"三种模式和200多种写作场景,比如改写、续写、小红书笔记生成、爆款标题、报告总结、带货文案等。

9. 迅捷 AI 写作

迅捷AI写作是非常实用的AI写作辅助工具，输入主题就可生成各种文字内容，预设了新媒体文章、标题、种草文案、创意广告、干货回答等多种实用文章模型，还集成了"AI绘画""AI编程"等AI工具，选择AI全能写作能生成更多不同文字内容。

11.2　AI工具的使用

用户根据不同的需求可以选择不同的AI工具使用，不同的AI工具使用的方法也不尽相同。下面介绍一些常见的AI工具的使用方法和操作步骤。

11.2.1　向AI提问

向AI提问来了解自己想知道的信息，是AI工具的基本功能之一。

1. 向 AI 提问的技巧

向AI提问就像和一位博学的伙伴对话。提问的技巧可以帮助用户更精准地获取所需信息。

（1）明确问题

避免过于笼统的问题。一次只问一个问题，避免AI混淆。使用明确的语言，避免使用模糊或多义的词语。

（2）提供足够的上下文

提供相关的背景信息，帮助AI更好地理解问题。例如，"我想了解一下深度学习，可以从哪里入手？"，比单纯问"深度学习是什么？"效果更好。还可以提供一些具体的例子，让AI更清楚用户的需求。例如，"我想用AI生成一些动漫风格的图片，有什么推荐的工具吗？"。

（3）使用正确的关键字

如果对某个领域比较熟悉，可以使用专业的术语提高问题的准确性。如果不确定某个术语，可以尝试使用同义词或相关词。

（4）尝试不同的提问方式

如果第一次提问没有得到满意的答案，可以换个角度再问一次。或者将复杂的问题拆分成几个小问题，逐一提问。

（5）利用AI的特性

鼓励AI给出更全面、深入的回答。例如，"关于人工智能的未来发展，你有什么看法？"。也可以通过一系列的问题，引导AI逐步给出答案。

（6）注意提问的语气

使用礼貌的语言更有可能得到友好的回应。表达出对答案的期待，可以鼓励AI提供更详细的信息。

> **配合搜索引擎提问**
> 在提问之前，可以通过搜索引擎查找相关信息，有助于用户更准确地表达问题。

2. 向文心一言提问

用户可以直接进入文心一言的官网，注册后，就可以向文心一言提问。默认使用的是文心大模型3.5。大模型4.0和4.0 Turbo需要开通会员。用户可以在界面的文本框中输入问题后按回车键，文心一言就可以给出答案，如图11-1所示。

在AI回答完毕后，如果不符合用户的需要，还可以继续提问或者换个说法提问。如让AI帮助生成文案，如图11-2所示。可以设置背景、提出文案的要求等。

图 11-1

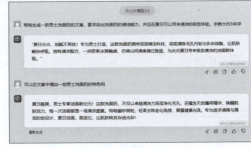

图 11-2

如果对回答不满意，可以重新生成，而且可以在问题的基础上增加问题或者要求。

11.2.2　AI分析文档和图片

除了回答问题外，还可以上传文档让文心一言对文档进行分析。单击"文件"按钮，如图11-3所示。在上传界面中，选择单击上传或者将文档拖入其中，如图11-4所示。

图 11-3

图 11-4

待文档上传完毕，可在文本框中输入具体的分析内容、要求等，完成后发送即可，如图11-5所示。

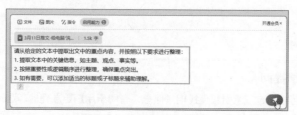

图 11-5

接下来AI就会按照要求提取并整理内容，快速完成文档的整理，非常适合办公人员使用，如图11-6所示。

除了分析文档外，AI还可以分析图片。上传图片后，输入需要分析的内容，就可以获得答案，如图11-7所示。

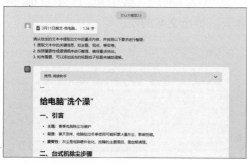
图 11-6

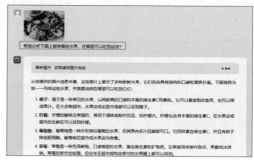
图 11-7

11.2.3 AI生成图片

AI生成图片，也就是常说的文生图功能。用户可以向AI描述所要生成图片的具体内容，如主题、背景、颜色、构图、人物、意境、时间、地点等内容，也可以让AI自由发挥，只给出关键的信息，如图11-8所示。AI通过理解即可生成图片，如图11-9所示。

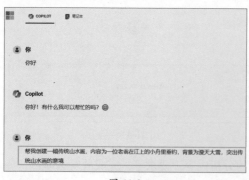
图 11-8

图 11-9

生成图片后，用户可以放大查看，也可以下载使用。如果生成的图片不满意，用户可以要求AI重新生成，或者继续增加生成说明，让AI更准确地理解用户的意思。

> **知识点拨**
>
> **DALL E3模型**
>
> DALL E3是OpenAI公司开发的一款基于生成对抗网络（GANs）的图像生成模型。作为DALL E系列的最新版本，DALL E3在图像生成的质量、效率和多样性方面都有显著提升。该模型能够根据文本描述生成高质量的图像，广泛应用于艺术创作、广告设计、游戏开发等领域。
>
> **文心一言的文生图**
>
> 除了微软公司的Copilot以外，文心一言也可以通过文字生成图片，如图11-10所示。
>
>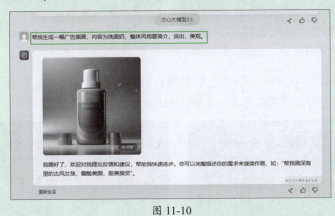
>
> 图 11-10

11.2.4　AI创作歌曲

AI的应用越来越广，有些AI已经可以帮助用户生成歌曲，如常用的SUNO。用户可以使用GPT为SUNO生成歌词，而且SUNO还支持中文歌词，如图11-11所示。用户在主界面可启动其自定义模式，如图11-12所示。

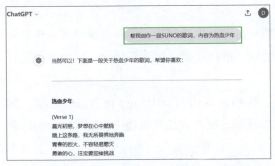

图 11-11

图 11-12

按照提示输入歌词内容和歌曲的风格，如图11-13所示。设置标题，单击Create按钮进行创作，如图11-14所示。

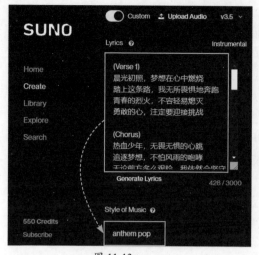

图 11-13　　　　　　　　　　　　　图 11-14

创作完毕后等待AI生成，当显示歌曲时长后，说明生成完毕，如图11-15所示。用户可以查看详细内容，并聆听歌曲，如图11-16所示。

图 11-15　　　　　　　　　　　　　图 11-16

11.2.5　AI生成视频

AI还可以按照用户提供的文字内容或图片内容，生成视频。用户就像导演一样，可以利用AI生成各种复杂的视频，添加各种特效，进行运镜，镜头切换等。这里使用比较常见的RUNWAY进行生成。

注册并登录进入RUNWAY的主界面，找到并单击Text/Image to Video选项，如图11-17所示。在新界面中可以上传图片生成视频，或者直接在描述中，输入Prompt后单击Generate 4s生成视频，如图11-18所示。

生成完毕，可以在主界面查看生成的视频效果，如图11-19所示。在生成前，也可以手动调整摄像机运动参数、渲染风格等内容。

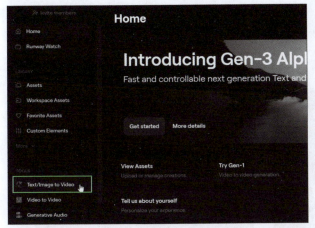

图 11-17　　　　　　　　　　　　　图 11-18

图 11-19

> **知识点拨**
>
> **Prompt**
>
> Prompt中文为"提示词"。在AI大模型中,Prompt的作用主要是为AI模型提示输入信息的上下文和输入模型的参数信息。

动手练　使用可灵AI生成视频

国内也有很多文生视频AI工具,如可灵AI(Kling AI)。可灵AI是快手推出的新一代AI创意平台,基于快手自研大模型可灵和可图,能提供高质量视频及图像生成能力,通过更便捷的操作、更丰富的能力、更专业的参数和更惊艳的效果,满足创作者对创意素材生产与管理的需求。

用户注册并登录后即可使用文生视频的功能。输入创意描述的提示词，如图11-20所示；然后进行参数设置和运镜控制等，如图11-21所示；最后单击"立即生成"按钮。

图 11-20

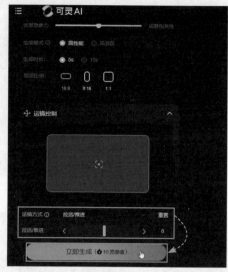
图 11-21

经过AI计算并生成后，可以查看生成的视频，如图11-22所示。

图 11-22

11.2.6 AI辅助编程

AI辅助编程是指利用人工智能技术支持和增强软件开发过程的一种方法。它可以通过多种方式帮助程序员进行代码补全和提出建议、进行错误检查和调试、代码生成、代码翻译和迁移、文档生成、代码重构等。

例如可以让AI帮助程序员编写代码，如图11-23所示。也可以优化代码，如图11-24所示。

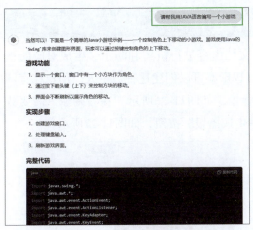
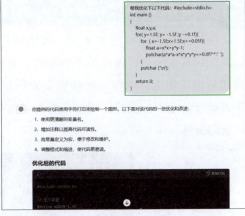

图 11-23　　　　　　　　　　　　　　图 11-24

> **知识点拨**
>
> **常见的AI编程工具**
>
> 　　GitHub Copilot由OpenAI的Codex模型驱动，提供智能代码补全和生成功能。TabNine是基于GPT-3的代码补全工具，支持多种编程语言和IDE。DeepCode是AI驱动的代码审查工具，可以检测代码中的错误和安全漏洞。IntelliCode是微软的智能代码建议工具，集成在Visual Studio中。

动手练 让AI生成装机配置清单

　　AI在实际工作和生活中应用比较广泛，例如可以让AI帮助用户生成计算机的配置清单，以便进行比较和购买，如图11-25所示。

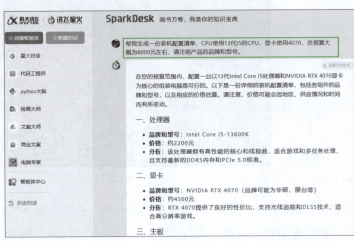

图 11-25

　　除了询问配置外，对于一些硬件参数、平替产品、专业术语等，如果不太了解，还可以直接向AI提问，让AI进行详尽的解答，非常方便高效。

知识延伸：数字人播报的使用

使用AI生成虚拟的数字人，按照用户的文档内容进行讲解和演示，生成对应的视频，无须真人出镜。这样的平台很多，如腾讯智影就可以创建这种数字人。用户在官网注册后即可使用，选择出镜的数字人形象、背景，如图11-26所示。在右侧输入需要数字人朗读的文本，设置停顿点，单击"保存并生成播报"按钮，如图11-27所示。

图 11-26

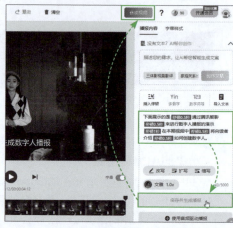

图 11-27

单击上方的"合成视频"按钮生成视频。在弹出的界面中设置合成参数，如图11-28所示。稍等片刻，即可生成数字人视频。口型和朗读文字的口型一致。用户可以观看及下载，如图11-29所示。

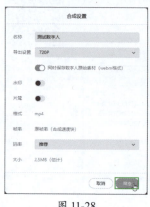

图 11-28

图 11-29

此外利用类似的功能，有些平台还可以通过克隆人声、克隆外观来生成直播带货的数字人形象。可以按照带货的文本内容进行朗读，还可以按照设置的脚本，根据不同的触发关键字朗读不同的内容，以便与观众互动。